팔순 바이크

만리장성을 넘다 (상)

신 서유기

중국의 전 국토를 종횡으로 누비고 있는 성이 장성이다 보니
산하가 있는 곳이라면 먼발치라도 그곳에는 장성이 꼭 있었습니다.

만리장성은 항상 그 자리에 그대로 있습니다.
마음만 먹으면 언제라도 넘을 수 있는 언덕일 뿐이었습니다.

팔순 바이크 만리장성을 넘다 (상) - 신 서유기

초 판 1쇄 2022년 11월 25일

지은이 이용태
펴낸이 류종렬

펴낸곳 미다스북스
총괄실장 명상완
책임편집 이다경
책임진행 김가영, 신은서, 임종익, 박유진

등록 2001년 3월 21일 제2001-000040호
주소 서울시 마포구 양화로 133 서교타워 711호
전화 02) 322-7802~3
팩스 02) 6007-1845
블로그 http://blog.naver.com/midasbooks
전자주소 midasbooks@hanmail.net
페이스북 https://www.facebook.com/midasbooks425
인스타그램 https://www.instagram.com/midasbooks

© 이용태, 미다스북스 2022, *Printed in Korea*.

ISBN 979-11-6910-082-3 03980

값 **18,500원**

미다스북스는 다음세대에게 필요한 지혜와 교양을 생각합니다.

80's Bike GREAT-WALL Travel

팔순 바이크

만리장성을 넘다 (상)

신 서유기

이용태 지음

미다스북스

팔순바이크

자전거와 만리장성

산해관(山海關) 천하제일관(天下第一關)에서
만리장성의 첫머리 용의머리(노룡두)를 자전거로 밟아드니

장성의 첫머리인 금산령산성(金山嶺山城)이 고개를 들려고 해서
마주하는 고구려의 넋이 깃든 호산산성(虎山山城) 기세 앞에
고개를 들지 못하게 하고

기련산맥(祁連山脈)의 칠채산(七彩山)의
용의 비닐처럼 화려하게 꿈틀대는 것을
청해호(青海湖) 푸른 물로 잠재웠고

만리장성의 꼬리인 자위관(嘉峪關)의 천하제일웅관(天下第一雄關)도
정성전(定城磚) 벽돌 한 장의 무게로 지탱하게 엄중하게 경계하고

돌아온 자전거 길 이만이천백삼십오 리(22,135里)의 만리장성은
언제라도 마음만 먹으면 넘을 수 있는 언덕일 뿐으로
항상 그곳에 있게 하였다.

인사드립니다

– 이용태

　자전거 타는 모임에서는 서로 간에 이름 대신 닉네임으로 부릅니다. 이 세계는 일상생활에 벗어난 별다른 또 다른 세상이었습니다.

　오늘 여기에 인사를 드리는 것은 써컴이라는 닉네임으로 출생신고해 가상의 세계에 와 있는 써컴(Sir come)과 본래의 이름으로 살아가는 이용태가 한 사람이 두 세상으로 살아가고 있다는 것을 자랑스럽게 생각하여 두 사람 몫으로 인사드립니다.

　이 세계에 입문하기 위해서는 지금까지 생활하여 왔던 모든 의식을 벗어 놓고 다시 태어난다는 의미로 새로운 세상의 이름으로 출생신고하게 되어 새로운 이름을 얻게 되었습니다. 이 세계에는 묻지도 않고 알려고도 하지 않는 닉네임으로 출생신고를 하게 되면 주민세도 등록세도 내지 않지만 자기가 활동할 수 있는 영역인 가상의 세계, 클라우드 세상을 부여받게 됩니다.

　닉네임으로 부여받은 가상의 세계는 의무와 권리는 가질 것도 없고 줄 것도 없는 클라우드의 세계입니다. 그 세상 속에서는 규제도 없고 통제도 받지 않습니다. 보이지 않는 룰만 지키면 되는 써컴이라는 한 인격체로서 삶을 쌓아가, 오늘 여기에서 뵙게 되었습니다.

　지금까지 함께했던 여행 중에 각인되었던 좋았던 모습은 닉네임으로만 자리 잡고 있어 닉네임으로만 기억되고자 합니다.

　본래의 모습으로 살아가는 이용태의 현실은 팔십 세를 한참 넘긴 몸이라 세대의 벽을 뛰어넘을 수 없다는 암담함이 있지만 써컴이라는 가상의 세계에 입문한 써컴의 나이는 불과 20세가 되지 않는 싱싱한 젊음이기 때문입니다.

　가상의 세계에 오랫동안 함께 머무르고 싶어 하는 본래의 제 모습과 클라우드의 세계에 와 있는 젊은 써컴의 모습, 이 두 가지 이름으로 살아간다는 것은 갈등이 생겨 제가 활동할 수 있는 영역이 점점 좁혀져 오고 있음을 느끼고 있습니다. 좋았던 모습만으로 기억되기 위해 이제 이용태와 써컴은 함께 안장 위에서 내릴 장소와 시기를 찾아 기웃거리고 있습니다.

　그 기웃거림의 행동이, 이런 졸렬한 난필이 주는 결과가 안장 위에서 내리게 하는 예행 연습이라고 봐주시면 더욱 고맙겠습니다.

　감사합니다.

2022년 11월

써컴과 이용태가 드림

만리장성을 넘다

책 머리에

진시황의 병마촌을 보기 위해서 장안(서안)에 가서도 장성을 볼 수 있었고, 강물과 산수가 수려하다는 계림과 구채구를 들러보아도 만리장성이 먼저 그곳에 와 있었습니다. 중국의 전 국토를 종횡으로 누비고 있는 성이 장성이다 보니 산하가 있는 곳이라면 먼발치라도 그곳에는 장성이 꼭 있었습니다.

중국 문화의 발상지인 황하 유역을 스쳐 지나가는 길에도 장성을 끼고 돌아가야 하였고 중국의 공자, 맹자가 태어난 성현지를 찾아가 보아도 장성이 그곳을 감싸주고 있었습니다. 유비와 관우, 장비가 도원결의 하였던 곳이나 삼국지 시대의 초나라와 연합군이 대접전을 펼쳤다는 적벽대전지의 전장에도 장성이 있었습니다.

만리장성과 좀 멀리 벗어났는가 싶었던 실크로드의 돈황까지 가는 길에도 심심찮게 장성이 이어져 있었습니다. 하물며 차마고도 길에도 산이 높은 곳이나 골짜기가 깊었던 곳도 장성이 있어 장성이 길의 안내자가 되어 중국 곳곳의 문물과 역사를 덤으로 볼 수 있었습니다.

그 동안에 중국의 여행은 각처에 산재되어 있는 특색 있는 관광지를 중심으로 다니다 보니 장성의 본 모습을 볼 수 없어 만리장성을 항상 조각 그림으로만 보게 되어 언젠가는 만리장성을 한 장으로 이어지는 큰 그림으로 보고 싶게 되었습니다.

이런 염원을 충족하기 위해 과연 어떤 여행 루트를 정하면 제가 원하는 한 장의 그림으로 만리장성을 볼 수 있을까 하는 것이 평소의 제 숙제였습니다. 만리장성의 끝에서 끝까지 이어지는 여행의 경로를 겪었다는 경험자도 찾아볼 수 없었을 뿐만 아니라 어느 누가 다녀왔다는 자료도 없어 아쉬웠습니다.

오랜 생각 끝에 손오공이 삼장법사를 모시고 갔다는 십만팔천 리의 『서유기』길을 답습해서 가게 되면 만리장성의 서쪽의 끝 지점인 티베트의 자위콴까지 가게 되리라 생각하게 되어 『서유기』를 길잡이로 하여 서역 쪽은 『서유기』로 하고, 동역 쪽은 연암 박지원 선생이 다녀와서 쓴 『열하일기』를 길잡이로 하여 서역 쪽은 『서유기』, 동역 쪽은 『열하일기』, 두 가지 행로를 합치게 되면 만리장성의 완주라는 한 장의 그림으로 볼 수 있지 않을까 하는 생각에 아래 몇 가지 지침을 정하여 여행을 실천하기로 마음을 다지고 용기를 내어봤습니다.

여행 기간은 장기간의 여행이 되어 계절의 변화를 감안하여 한대와 열대 지방을 동시에 겪어야 된다는 특성과 기후를 참작하여야 했고, 이동의 방법은 보행으로는 장기간의 여행에 건강과 소요되는 시간이 문제가 될 수 있고, 자동차로 하게 되면 스쳐 지나가는 그림으로 보는 것 같아 여행의 참다운 의미가 없을 것으로 알고 기왕에 제대로 하려고 옛사람도 두 발로만 다녔다 하여 우리들도 두 발로만 가는 자전거로 하면 어떨까 생각 끝에 여행의 질을 우선시한다는 차원에서 자전거로 하는 것으로 결정하게 되었습니다.

자전거로는 다소의 고통과 위험이 따른다고 하지만 여행의 질을 감안하면 그 정도는 감내하여야 했고 숙식도 야영을 원칙으로 하는 것으로 정하다 보니 동행하는 인원의 적성이 문제가 되었습니다. 이러한 여행

을 감당할 수 있는 인성과 적응력이 문제가 되어 손오공의『서유기』에서
는 4명(손오공, 삼장법사, 저팔계, 사오정)으로 진행하였다기에 우리들
도 4~5명으로 구성하되 25kg 내외의 생활필수품을 지참하고서도 하루
평균 주행거리 80~100km를 능히 감당할 수 있는 사람으로 구성하는
데도 어려움이 있었습니다.

　더군다나 이러한 여행계획을 세우고 보니 여행코스도『서유기』를 근
본으로 하여 손오공이 갔다는『서유기』와 "실크로드" "차마고도" 행로와
세 가지 루트를 참고한다는 것이 겹쳐져 일부 구간은 중복되는 경우도
있어 좀더 특색 있는 점만 골라서 여행의 골격을 세우다 보니 욕심이 과
하게 되었습니다.

　여행이란, 특히 자전거로 하는 장기간의 여행은 계획대로 실행하기에
는 변수가 많이 작용하게 되어 현지 사정에 따라 몇 번의 수정이 불가피
하게 됨은 필연적입니다. 자전거 여행의 속성이 목적지를 위하여 수정
과 개선을 반복하게 되는 과정 그 자체가 여행이 되기 때문에 근본적인
것은 어떤 경우라도 완주한다는 데 목적으로 세우다 보면 여행이 여행
을 낳게 되어 목적지에 도달하게 된다는 것이 지금까지의 여행한 경험
의 결과치였습니다.

　이번에 이 루트는 누구도 경험하지 못한 곳이라 욕심이 좀 과했지만
서역 쪽은 내 집 안마당을 들춰보는 것과 같이 면밀하게 계획을 세우
게 되어 과연 이 경로를 다 답습할 수 있을까 하는 의구심마저 생겼습니
다. 그 의구심을 가져다주는 것에 더 큰 호기심이 발동하게 되어 또 다
른 동기가 되었던 것 같습니다.

팔
순
바
이
크

서역 쪽 여행의 골격은 『서유기』가 참고자료가 되었지만 세부적인 여행루트에 인용하기에는 한계가 있었고 『삼국지』나 『수호지』, 『초한지』 등은 이야기 속에 나오는 지리적 특성과 실제적인 지도상의 지명과는 차이가 있어 서역의 끝인 자위관까지 여행한 정보는 신뢰할 수준이 아니어서 찾아다니면서 만들어가는 경로가 될 듯합니다.

　지역적으로 티베트 쪽을 전문으로 하는 여행사를 통해 보기도 하였고, 유튜브나 인터넷 정보지에도 의뢰해 보았지만 지역마다 단편적인 정보밖에 얻을 수 없었습니다. 각 지방마다 기후가 다르고 계절의 변화를 수용하여야 하기 때문에 우리들이 완주하고자 하는 지역의 모든 정보는 우리 스스로 개척하여 만들어 가는 방법뿐이라는 결론을 얻게 되었습니다.

　단편적인 중국 서역 쪽의 차마고도 길의 일부 구간과 고비사막의 끝자락 길과 접하는 티베트 쪽의 일부 구간이 소개된 여행기를 접할 수 있어 짜깁기 식으로 여행의 루트를 수집하여 고심하던 중에 우연한 기회에 네이버 카페에 서역 쪽 여행에 관하여 투고한 내용을 접할 수 있었습니다. 기고자는 중국 칭다오에 거주하고 있는 탱이 님이었는데, 탱이 님은 한국 국적을 가지고 중국에 이민하여 사는 자전거 여행가로 오랫동안 '자전거로 여행하는 사람들' 사이트에 실행 가능한 정보를 기고하여 신뢰할 수 있는 정보를 제공해주고 있었습니다. 정보를 올려주신 탱이 님은 2014년 인천 아시안게임을 관람하기 위해 중국 바이크 팀을 결성하여 한국을 방문하였습니다. 중국팀 응원도 하고 잘 만들어졌다는 한국의 국토 종주 길을 자전거로 체험한다는 목적으로 한국을 방문하게 된 것입니다. 제가 그때 운 좋게도 중국팀을 며칠 동안 영접할 수 있는 기회를 가질 수 있었습니다.

함께 여행하는 동안에 탱이 님으로부터 북경에서 만리장성의 끝자락인 서역의 자위관까지 가는 경로 중 의문시되었고 불확실하였던 많은 정보를 글과 사진이 아닌, 체험한 사람의 살아 있는 실행 가능한 정보로 확인할 수 있었습니다. 그것은 이번 여행을 하는 데 밑그림이 되어 무사히 마치는 데까지 큰 힘이 되었습니다.

여행이란, 이야기로 들어왔고 책 속에서 보아왔고 상상 속에 그려왔던 것을 현실로 맞이하는 것입니다. 그런데 막상 닥치면 어떤 곳은 실망만 안겨주었고 또 어떤 곳은 상상 그 이상일 때도 있어서 여행이 주는 감명은 어떤 방법으로 하는 것이냐에 따라 여행의 질이 달라진다고 생각합니다. 그래서 운송수단으로서뿐만 아니라 먹고 잠자고 하는 일체의 여행수단을 자전거로 한다는 것은 아주 잘 선택한 최선의 방법이 되었습니다.

이 여행을 함께한 탱이 님을 추억합니다.

탱이 님의 주관으로 한국을 방문하는 중국의 바이크팀을 결성하여 인천에서 개최하는 아시안게임도 참관하고 한국의 국토종주 자전거길이 잘 조성되어 있는 것을 체험하기 위해서 방문한 탱이 님의 이번 인연으로 서역으로 가는 여행길에 동행하게 되었습니다.

서역 여행을 끝내고 다녀와서 탱이 님이 떠나기 전 가족들에게 유서도 남기고 자신의 시신을 치료를 전담했던 연세의료원에 기증까지 약속하고 출발하였던 사실을 뒤늦게 알게 되었습니다.

유서 속의 첫 말씀은 "가족들에게 죽어서 남기는 말이라면 유언(遺言)이겠으나 아직 살아 있을 때 남긴 말은 유언(留言)"이라는 것이었습니다. 가족에게 일반적이면서도 진솔한 8가지 부탁의 말을 남긴 유언을 자신이 늘 글을 올리는 '탱이 님의 여행과 세계'에 기록된 글을 보고야 뒤늦게 알게 되었습니다.

유언 속에 자전거 여행으로 가족들을 미처 돌보지 못했던 부족함이 있었으나 한편 달리 생각해 보면 그동안 자전거로 인하여 살아온 삶이 다른 의미를 찾을 때도 있어 그 나름대로 행복하였노라고 고백한 글을 접하게 되어 이 여행이 주는 의미가 더 아리게 가슴에 다가왔습니다.

『팔순바이크 만리장성을 넘다』 전편 8,876km를 완주한 가운데 가장 중요한 「신 서유기」는 생존 기간이 6개월에서 1년밖에 남지 않은 한 시한부 여행가와 동행한 이야기로 손오공의 『서유기』가 길잡이가 되어 하루하루 길이 줄어드는 것만큼 타들어가는 생명을 옆에서 보면서 함께 간 이야기가 되었습니다.

시신기증인 유언서

질병을 앓는 이웃들의 고통을 덜어주고 나아가 질병 없는 건강한 미래를 우리 자손에게 물려주기 위하여 나는 훌륭한 의사를 길러내는 교육기관에 내 몸을 바치고자 합니다.

나는 연세대학교 의과대학에서 추진하고 있는 시신기증 운동의 뜻에 찬동하여 내가 죽은 후 나의 시신을 연세대학교 의과대학에 기증하기로 결심하였습니다. 나의 몸을 시체해부 및 보존법의 규정에 따라 해부하고 보존하는 것을 승낙합니다. 내 한 몸이 우리 나라 의학교육과 학술연구에 밑거름이 되어 좋은 의사양성에 도움이 되기를 바라며 나아가 우리 나라 의학 발전과 국민 복지 향상에 이바지 할 수 있기를 바랍니다.

이 유언서는 나 스스로의 신념에 의하여 작성되었으며 어느 누구에 의해서도 내 뜻이 저지될 수 없다는 것을 엄숙히 밝힙니다.

년 4월 9일

유 언 인

CONTENTS

제1부 해를 따라 서쪽으로 가는 까닭은?

제2부 만리장성 여행 준비 사항

제3부 자! 출발이다

제4부 용문석굴

제5부 타얼사, 청해호

제6부 자위콴과 칠채산

제7부 돌아가는 길

일러두기

• 책 본문에 들어간 QR코드를 스캔하면 저자가 직접 만든 영상을 볼 수 있습니다. 팔순 저자의 진솔함과 정성이 녹아든 날것 그대로의 영상이므로 책과 함께 감상하시면 좋습니다.

제1부

해를 따라 서쪽으로
가는 까닭은?

사필귀정(事必歸正)

자전거 바퀴는 둥근 원(圓)입니다.
자전거를 탄다는 것은 둥근 원을 한없이 돌린다는 뜻입니다.

행위는 둥근 동그라미를 그리면서 앞으로 나아가는데
결과치는 선(線)으로 나타냅니다.

크고 작다는 차이뿐이지
지구가 둥근 것만치 자전거 바퀴도 둥급니다.
한없이 나아가는 선(線)은 출발점과 도착점은
한 원통 속에서 만나게 됩니다.

출발점과 귀착점은 한 원통 속에 존재한다는 것은
생(生)과 사(死)가 한 원통 속에 함께 숨을 쉬고 있다는 것으로

오늘도 자전거 바퀴가 사각(四角)이 아니고 원(圓)인 것에 감사하며
안장 위에 올라 생과 사를 마주하며 가쁜 숨을 토해냅니다.

2022년 11월

제1장

아시안게임(칭다오 바이크팀 내한)

仁川 亞運會 參觀 騎行團 名單和路線
- 한중 우호 승진과 아시안게임 성공을 기원하는 기행
- 장소 : 아라뱃길과 한강구간(서울 ～ 충주) 기행
- 주관 : 칭다오 국제 기행단
- 기간 : 9월 15～24일

인천상륙작전

맥아더 원수는 포화를 뚫고 목숨을 걸고 인천상륙작전을 펼쳤듯이 우리들도 그에 버금가는 비자 전쟁과 더구나 두 명이 마약 복용 반응이 나와 엄밀한 검사에 소지하고 있는 자전거도 분신 취급하여 엑스레이 검사대에 올려놓는 엄격한 검사도 받았지만 아무 반응도 나오지 않아 황금 같은 한 시간을 빼앗기는 입국전쟁을 치렀습니다.

아시안게임을 주관하는 인천시나 인천항 세관이나 어느 관계 기관에서도 한 시간이나 지체시킨 것은 의례적인 입국절차로 간주하여 호되게 입국신고를 한 셈이 되어 맥아더 장군의 인천상륙작전에 버금가는 입국신고를 치르게 되었습니다. 이는 자국 팀을 응원하러 한국을 방문한 중국 여행객을 위한 환영행사를 대신한 셈이 되었습니다. 덕분에 한국이 자랑스럽게 조성하여 쓰레기 매립장을 훌륭한 레저공간으로 탈바꿈시킨 노을공원의 저녁 노을을 볼 수 있는 시간을 빼앗기게 되는 불상사를 맞이하게 되었습니다.

칭다오 바이크 팀은 예정했던 대로 아시안게임 개막일 2일 전에 입국하였습니다, 여객선 편으로 입항한다고 하여 지인 몇 분과 같이 부두

에 환영하러 나가서 반가운 만남의 시간을 가졌습니다. 10여 명 이내로 구성된 인원으로 방문하는 것으로 예측하였는데 입국장에 나가서 본즉 20명이나 되는 인원이었습니다. 중국 사람 특유의 떠들썩함이 불난 호떡집 같았습니다. 듣도 보지도 못한 커튼으로 디자인 한 복면은 새로운 패션이었습니다. 지금이야 코로나 때문에 얼굴에 마스크를 하는 것이 의무화되었지만 그때만 해도 자전거로 여행하는 사람 이외는 마스크가 생소하게 보일 때였으므로, 그 괴상한 마스크는 화젯거리가 되었습니다.

중국팀 한국 관광

첫날은 여객선 터미널에서 환영인사를 나누고 대열을 정비하여 어두워진 난지도 노을공원으로 향하여 캠핑장에서 야영하기로 하였습니다. 칭다오는 중국의 휴양도시이며 중국 내에서 가장 독일답다는 곳으로, 그곳에서 온 자전거 팀은 탱이 님의 주관하에 팀복이라든가 안전 장구를 제대로 갖추어 타국에 여행 온 팀다워 보였습니다.

저는 중국 여행 중에 현지에서 중국 사람 몇 사람을 만나보았지만 단체로 중국 사람을 만나는 자리에서 도우미가 되어 손님을 응접하는 입장이 되어보니 느낌이 아주 달랐습니다. 입국장에 도열하여 환영하는 기념 촬영 때 쓰였던 현수막은 한국과 중국의 국기를 배열하고, 중국 사람들이 붉은 색깔을 좋아한다고 붉은 색으로 하여 써컴 바이크 팀의 이름으로 환영하는 문안을 넣어 제작하였습니다.

정상적인 입국 절차를 거쳤더라면 입국 수속부터 여객터미널, 난지도 야외 캠핑장까지의 28km를 두 시간이면 어둠살이 들기 전에 충분히 도착하여 잠자리 준비까지 할 수 있었을 터인데 입국 심사 시 예기치 않는 불상사로 면밀한 검사(DNA)와 별도 검역을 거치는 동안 많은 시간을 허비하게 되어 야간 운행을 하게 되었습니다. 다행히 야외 가로등 불이 밝혀져 텐트 작업에 어려움이 없었습니다. 날씨도 그날따라 미세먼지도 없는 청명했던 덕으로 사방이 확 트인 서울의 야경을 제대로 볼 수 있었던 것이 덤이 되었습니다.

잘 가꿔진 잔디밭 위라지만, 그들은 난지도가 서울 시민들의 생활 쓰레기 매립장이라는 말을 듣고 이상한 눈초리로 주위를 둘러보았습니다. 은연중에 대국에서 소국으로 왔다는 그들 나름의 우쭐함이 보이길래 '지금 천막 치고 있는 이 넓은 푸른 잔디밭은 중국이 자랑하는 이화장이나 만수산같이 백성들의 고혈로 어느 지배자가 놀이터로 만든 인공적인 산이 아니고 한국에서는 사람들의 쓰레기를 친환경 자재로 만들어 이룬 산'이라고 소개하면서 좁은 국토를 넓게 쓰고 아름다운 휴양지를 만든 이곳이 한국을 방문한 여러분들이 첫 번째 맞이하는 밤의 잠자리라고 소개하였습니다.

어떤 호텔보다 더 훌륭한 안식처인 난지도 잠자리는 여러분이 겪어보지 못한, 잠자리라 소개하였습니다. 한국의 자연보호 정책에 대한 국민들의 높은 호응도를 소개하는 자리가 되어 탱이 님의 높은 안목에 감사드렸습니다.

여주 신륵사 가는 길에 있는 잠실 88올림픽 스티디움과 잠실 운동장은 한국인들에게는 평상시 들러볼 수 있는 평범한 장소이겠지만 타국에서 방문하는 관광객에게는 필히 가봐야 할 곳이라 생각하여, 서울에서 여주 가는 길에 88올림픽 그때의 함성을 소개하는 시간을 가져 작은 나라이지만 문화와 역사를 가진 나라인 것을 보여주게 되어 자랑스러웠습니다. 첫날은 세종대왕의 기념비와 박물관이 있는 여주로 안내하여 관광 후 신륵사를 들러보았습니다. 둘째 날의 숙소는 이포보 건너 캠핑장에 여장을 풀었습니다.

잘 조성된 잔디밭으로 된 캠핑장

한국에 체류하는 동안의 일정은 인천 경기장에서 자국 팀을 응원하고, 용산 전자상가에서 쇼핑하는 시간을 가질 것으로 짜여져 있었습니다. 전문적인 자전거 여행을 경험한 팀이 아니고 급조한 팀인 데다 여행 스케줄도 아시안게임에 참가하는 일정과 겹쳐 편안하게 자전거로 관광하는 여유로운 일정이 되지 못하고 그들의 일정에 맞춰 도움을 주어야 함에 스케줄 관리에 어려움이 있었습니다.

팔
순
바
이
크

　짧은 일정에 용산 전자상가에 들러 상품 구매도 해야 한다는 필수 코스가 있어, 그쪽은 제가 도움을 드리지 못하고 탱이 님의 지인이 나와서 안내한 것 같습니다. 짧은 여행 기간이지만 시간을 유효하게 쓰기 위해서 그동안 탱이 님을 후원하는 분들 중 국내에 계시는 지인 몇 분이 전 일정을 함께하여 진행함으로써 25명이 행동하는 데 불편함이 없도록 최선을 다하여, 예정된 일정으로 무난히 소화할 수 있었습니다. 참가한 중국 팀의 일행 중에 세종대왕의 업적을 사전에 공부하고 참가하신 분이 있어 동상 앞에서 우리도 모르는 세종대왕의 업적을 사료와 함께 중국어로 동료들에게 설명하는 자리가 생겨 보기 좋았습니다. 더구나 여행객들이 흔히 어길 수 있는 공공질서와 현지 관광지의 자연환경 보호에 탱이 님의 솔선수범하는 자세에 중국 사람이 한국화 되어가는 과정이 이런 시민의식 수준에서 출발되는 것이란 것을 보여주어 칭다오 팀도 스스로 따라 하게 하였습니다.

여주 신륵사 세종대왕비 경배

한국을 방문하기 전에 사전 지식을 공부하고 중국어로 번역한 자료를 가지고 오신 분은 중국어를 능통하게 하는 탱이 님에게 많은 도움을 받아 동료들에게 한국을 알리려는 모습을 보여주어 우리들에게 감명을 주었습니다.

칭다오 바이크 팀의 성원이 있어서인지 아시안게임 중국 팀의 성적은 탈 아시아급의 기록이었습니다. 기록으로 보면 범세계적이라 하겠습니다. 아시안게임 평의회(OCA) 45개 회원국이 모두 참여한 첫 아시안게임은 역대 최대 규모였으며 세계 신기록 17개, 아시아 신기록 34개, 대회 신기록 116개 등 풍성한 성과를 거두며 마무리되었습니다.

세계 신기록으로만 보자면 4년 전 광저우 아시안게임 때는 4개였으

팔순바이크

나 이번에는 13개나 더 많은 17개로 풍성한 수확을 거두었습니다. 칭다오 바이크 팀이 5박 6일간의 한국 방문 일정을 마치고 귀국하는 출국장에 환송하러 나갔던 차에 탱이 님이 칭다오팀을 출국시키고 난 뒤 저를 조용히 만나자고 하였습니다.

중국 여행 팀이 오기 전부터 몇 번이나 안부전화가 있었지만 나누었던 대화 내용이 무언가 여운이 남아 석연치 않은 대화였습니다. 예감이 이상했습니다. 칭다오 팀의 방한 일정이 끝나면 탱이 님도 일행들과 칭다오로 귀국하여야 하는데, 다른 어떤 일정이 있어서 귀국을 미뤘습니다. 처음 만날 때부터도 밝은 표정이 아니었고 이상하리만치 어두운 모습이었습니다.

제3장

탱이와의 밀담

만나자는 내용이 심상치 않은 것으로 예상해서 출국 팀을 보내고 여유로운 시간에 자리를 옮겼습니다. 자신의 진료(병원검사)에 관한 이야기였습니다. 병원에서 더 이상 병원에 의지할 단계를 벗어난 상황이라는 최후의 통첩을 받았다는 결과를 이야기하는데 남의 이야기하듯이 자기의 생명에 관한 이야기를 아무 표정 없이 하고 있었습니다. 그 표정이 오랜 시간 동안 많은 시련으로 달관된 사람다웠습니다. 저에게 하고 싶었던 이야기는 대충 이런 이야기였습니다.

자전거 여행가라면 누구나 꿈이 있습니다. 나 역시 제일 선호하는 여행지, 마음속에 숨겨두었던 만리장성 길은 손만 뻗으면 가질 수 있고 마음만 먹으면 언제나 갈 수 있다는 생각에 아끼고 아껴두었던, 자기 마음의 고향과 같은 파라다이스를 막상 가지려고 하였을 때 어떤 계기로 가지지 못하고 영원히 마음속에 묻어야 한다는 절망감. 누구에게도 호소할 수 없어 많이 망설인 끝에 염치없이 하는 이야기. 주된 내용은 지금 다시 옮기기에도 가슴이 아려옵니다.

함께 티베트고원 입구에 있는 만리장성의 끝 지점인 자위관까지 여행하자는 것이었습니다.

여행가라 자처하면서도 자기 나라 명승지를 못 다녔다는 것이 부끄러운 소치라고 하지만, 만리장성만은 꼭 자전거로 가고 싶었던 것이 자기의 평생의 목표요 마지막 꿈이었다고 했습니다. 이 이야기를 하면서 이것만은 꼭 성취하고자 하는 것이 자전거 여행가로서의 꿈이며, 이것을 꼭 성취하고 끝을 내어야 편안하게 눈을 감을 수 있겠다고 하였습니다.
살아오며 그동안 헤아릴 수 없이 많은 회한도 있지만 이것으로 보상받는 것으로 생각하면 저 세상으로 간다는 것이 다소 위안이 될 것 같고, 다소의 편안한 임종을 맞을 것 같다고 하면서 죽음도 무섭지만 마지막 소망을 버리고 간다는 것이 더 무섭고 미련이 남을 일이라고 했습니다.

6개월이라는 시간이 남아 그 시간을 가장 의미가 있는, 이 세상에서 가장 보람된 시간으로 남기고 저 세상으로 가고 싶다 하면서 마지막 가는 길에 염원을 이루는 데 도움을 줄 수 있느냐는 질문에 저는 대답할 말을 찾지 못하였습니다.

저는 그 이야기 끝에 여행하는 데 대안을 찾는 것보다 우선 가장 먼저 해야 될 일은 건강할 수 있는 치료 방법을 찾는 것이라 생각한다고 하였습니다. 최선을 다해 희망을 잃지 말고 새로운 용기를 가져 보자고 하면서 만리장성에 도전하는 기분으로 다시 한 번 건강에 대한 집념을 가져보자고 하였으나 고개를 떨구면서 주머니에서 내어 보이는 종이를 나는 쳐다보지 못하였습니다.

생존할 수 있는 기간은 6개월에서 1년이라 하였습니다.

만리장성은 도망가는 것이 아니니까 언제라도 넘을 수 있는 것이니까 건강이라는 만리장성을 먼저 넘어보자고 하면서 제가 그에게 남길 수 있는 말이란 것은 그때로서는 이 말뿐이었습니다.

만리장성은 항상 그 자리에 그대로 있다.
마음만 먹으면 언제라도 넘을 수 있는 언덕일 뿐이다.

그 말밖에 할 수 없었습니다. 그를 보내놓고 집으로 돌아가는 길이 만리장성만큼이나 힘들고 멀었습니다. 저는 며칠 동안 이 질문의 답을 생각하느라 자전거를 탈 수 없을 뿐만 아니라 다른 일도 할 수 없도록 정신이 피폐해졌습니다. 무언가 생각과 결심을 하여야 했고, 어떤 대답이라도 먼저 해놓고 봐야 제가 먼저 살겠고 편해질 것 같았습니다.

'왜 하필이면 나였나?' 원망도 하여 보았지만 6개월이라는 시한을 가진 사람의 입장으로 보면 이것 저것 가릴 사정이 되지 못하는 절박감에 뱉은 말이었을 것입니다. 귓전에 맴도는 음성이 도대체 떠나지를 않았습니다.

그에 대한 생각을 아침에 가졌던 것을 저녁에 다시 다져보면 또 다른 생각을 하게 되고, 또 다른 생각을 하게 되면 그 생각이 한 시간을 넘기

지도 못하고 변했습니다. 이런 제 나약한 본성을 보게 되어 저 자신에 대한 실망스러움에 멍하니 허공을 바라보게 되는 시간이 많아졌습니다.

그래도 움직일 수 없는 분명한 것이 있다면 저로 인해서 그가 마지막 여력으로 할 수 있는 절체절명의 기회조차 놓친다면, 제 알량한 이기심 때문에 한 인간의 염원을 그르치게 된다면 그 허물을 앞으로 살아가며 어떻게 감당할 것인가 심각하게 생각하게 되었습니다. 이런 움직일 수 없는 결과치에서만 생각을 두고 정리해봤습니다.

첫째, '자기합리화라고 생각이 들지만 의사의 건강 진단서가 절대적이고 6개월이라는 생존기간이 확실하다면 그 6개월 안에 이 소임을 다 마치면 될 것이 아니겠나?' 둘째, '혹시나 여행 중에 무슨 일을 당했다고 가정한다면 그때에는 그 병력과 상관없이 무엇을 성취하고자 최선을 다하다가 생긴 돌발사고라 생각하면 될 것이 아닌가?'

여기까지 생각이 미치다 보니 또 이런 생각을 하게 되었습니다. 저 자신에게도 한 인간의 마지막 염원된 길을 동행해주었다는 것이 성취감을 준다는 간접 만족도가 있다는 데 의미를 둘 수도 있지 않을까 하는 얄팍한 이기심에 자기 최면도 걸어봤습니다.

셋째, 만약 그렇지도 못하고 그 염원을 들어주지 못한 채 어떤 결과가 주어진다면 거기에서 오는 공허함을 견디기가 더 어려울 것 같았습니다. 마음의 결정을 하여야 했습니다.

암담한 마음에 이런 사정에 어떤 좋은 대안이 있을까 하고 불특정인에게 의견을 물었습니다. 이런 난관에 마음의 부담없이 벗어날 수 있는 방법이 있지 않을까 하는 마음에 냉철한 제3자의 입장에서 아무 관심도 없이 남의 이야기를 말하듯이 할 수 있는 사람에게 물어본 바에 의하여 결정적으로 마음을 굳히게 된 동기는 이러하였습니다.

제3자에게 이러한 의견을 물었을 때 얻어진 답변은, 답변하는 사람은 제3자이고 탱이 님과 대칭되는 사람은 나 하나뿐이라고만 생각하면 탱이 님과 나와는 불가분의 관계라고 이미 규정받는 입장이니 타의 어떤 의견 이전에 자기 자신이 결심할 문제이기 때문에 타인의 의사를 물어볼 성질이 아니라는 것입니다. 그러한 답변에 가슴이 더 답답하여졌습니다. 탱이 님이 서울 연세의료원 내원 등으로 10일 후에 한국으로 돌아올 일이 있다고 하여 제가 먼저 그에게 연락을 했습니다.

서울에 오게 되면 처음 만났던 그 장소에서 만나자고 하면서 그런 관계로 만나는 것이 아니고 만리장성에 자전거를 타고 가는 여행에 국한된 이야기만 자연스럽게 하였습니다. 그전에 우리 둘 사이에 아무 이야기를 나눈 적이 없었던 것처럼 만나자, 어떤 상태에 어떤 경우에서든지 끝까지 함께 만리장성을 자전거로 타고 넘을 사람으로만 알고 만나자, 그리고 앞으로도 신상에 관해 아무 이야기를 나눈 적이 없는 여행 관계로 만났던 동행인 자격으로만 기억하자고 하였습니다.

모든 여행이란 것은 보편적으로 어느 지방, 어느 곳에 누구와 어떻게 다녀왔고 어떤 것을 보고 느끼고 왔다는 이야기 속에 자신을 던져놓고 한시적인 공간을 즐기는 것이라고 알고 여행에 임하여 왔습니다. 저는 여태까지 이런 보편적인 여행으로 즐기면 된다는 마음에서 벗어난 적이 없이 여행 자체만을 즐기고 다녔던 사람입니다. 시한부의 삶을 마감하는 사람과 함께하여 절대 절명의 특별한 한 가지 사명을 더 가지고 다녀야 하는 여행을 할 것이라고는 상상도 하지 않았습니다.

이런 성격의 여행은 영화 속이나 가상의 세계, 상상 속에나 있을 수 있는 일이라고만 알고 있었기에 설마 제가 진행하는 여행의 주제가 될 줄은 상상도 하지 않았습니다. 더군다나 제 삶 속에 그의 삶을 대입하여 이 여행길에 함께 동화하여야 될 엄중한 시간을 함께하게 되리라 상상도 하지 않았습니다.

탱이 님과 아무 생각 없이 만나기로 약속한 그날로부터 그렇게 편할 수가 없었습니다. 제가 그렇게 위대하고 용감하고 행복한 사람이란 것을 그때야 절실히 느껴져 삶에 긍지를 느꼈습니다. 평소에 가지지 못하였던 삶의 여러 가지 수단이 애착이 되어 천지 만물이 모든 것이 저를 위해 존재하는 것 같은 생각이 들고 부는 바람, 미세먼지가 낀 하늘마저도 저를 위해 존재하는 것같이 느껴졌습니다.

이렇게 생각하고부터서야 칭다오를 향하여 만리장성의 자위콴 생각이 들었습니다. 자위콴은 저 멀리 손에 닿지도 않는 꿈 속에만 있었고 상상 속에서만 보았던 꿈의 요람이 아니고 이제부터는 실체적으로 다가갈 수 있는 곳이라 생각이 들어 이번 이 여행은 다른 여행과 달리 특별한 경우의 여행이 되리라 생각하여 더 철저한 여행 준비를 하여야겠다는 의욕이 생겼습니다.

티베트 쪽에는 다른 지역과의 특수성을 감안하여 여러 번에 걸쳐 이곳을 여행한 경험이 있는 탱이 님의 조언을 토대로 재점검할 필요가 있었습니다. 탱이 님의 염원인 만리장성의 동북쪽의 끝 지점인 자이콴과 티베트의 청해호까지 가게 되면 자연적으로 모든 것을 경험하게 될 것이라고 기대하게 되었습니다.

　그때가 되면 탱이 님과 이 여행에 동행하게 된 그간의 사유를 정리할 필요가 있지 않을까도 생각해보아야 했고, 특별한 관계인 탱이 님과의 이 여행이 주는 의미가 남다른 것만큼 평소에 여행할 때와는 다르게 마음의 준비를 비롯해 준비하였던 것을 다시 한 번 더 점검할 필요가 있었습니다. 이번 여행에서는 실행하였던 것을 기록으로도 남길 준비를 하고 그 준비된 것을 대원 상호 간에 숙지하고 현지화한다는 뜻에서 비슷한 환경을 찾아 예행훈련을 몇 차례 가지는 것도 바람직하다고 생각했던 것입니다. 그러자 이 여행을 준비하는 과정이나 훈련하는 모든 과정도 여행의 한 부분이라고 생각들고 큰 틀에서 생각해 보면 여행이 인생의 한 부분이라면 이 과정부터 여행이 시작점이라고 생각하게 되어 준비나 훈련 그 자체도 즐거움이었습니다.

제4장

삶과의 여행

⑴

앞으로 살아갈 날이 10년 있는 사람과

1년밖에 없는 시한부의 두 사람이 함께 여행을 한다면

여행한 시간의 소중함이

한사람은 1/10만큼 시간이 소진되고

또 사람에게는 그 시간이 삶의 전체가 되어

긴박한 시간이 될 것입니다.

여행이 가진 소중함이 1/10인 사람은 10%만큼 소중하다면

1년을 가진 사람의 여행은 삶의 전체가 될 것입니다.

저는 이번 만리장성을 타고 넘은 여행이

그 여행을 통하여 생을 마감하게 되는 사람과 함께 동행하여

여행하게 된 장본인입니다.

(2)

인간의 삶의 과정을 흔히들 여행으로 비유해서 말을 한다면
그 여행 기간은 사람의 생존 기간과 같은 한시적인 종점을 향하여
시작점부터 삶이 살아간다는 것과 죽어간다는 것과 병행하게 되어
삶 자체가 살아간다는 것과 죽어간다는
두 가지를 함께하는 과정이라 생각합니다.

인생을 백 년의 삶을 살아갔다고 하는 것과
백 년 동안 죽어가는 과정이라고 하는 말은
동의어로 들려
나에게는 자전거 탈 수 있는 길도 이제 얼마 남지 않았음을 알고
아껴 두었던 것을 하나하나 끄집어내어 쓰듯이
숨소리도 거칠지 않게 고르려고 합니다.

자전거 탄 거리만큼이나 흘린 땀과 거친 숨소리가 배어 있는 곳을
오늘도 자전거 안장 위에서 밟고 지나갔던 그 길 위에
못다 한 이야기가 있나 하고 주워 담으려 자전거에 오릅니다.

이런 끌적거림의 행위도 무엇이 남겨진 것이 있었나 하고
삶의 여백을 채워 담으러 가는
자전거 바퀴 위에서
세월과 삶을 낚으러 가는
내가 된 나였습니다.

제2부

만리장성 여행
준비 사항

여행루트를 그린 현수막
방문지마다 현지인과 소통한 징검다리

질량불변(質量不變)의 법칙

자전거 타면서 먹는 음식은
목구멍을 통하여 음식물을 위 속으로 옮기는 과정입니다

어느 놈이 부드럽고 어느 놈이 거칠다는 분별은
자동차의 연비를 따지듯이
어느 놈이 자전거 바퀴를 많이 돌려줄 수 있느냐 없느냐는
혀(舌) 끝에 묻는 것이 아니고 위(胃)에게 묻게 됩니다.

부드럽다고 몸 값 하는 놈이나 거친 것이라고 따돌림 받은 놈도
일단은 나의 위 속에 들어가서는
자기 소임을 다하게 되는 음식의 질(質)이라는 이름으로
위 속에서 받아들이게 됩니다.
어떤 질(質)이든 위 속에 채워진 양(量)만큼이나
바퀴를 돌려주는 에너지로
한 치의 오차도 없이 자전거로 간 거리로 보답하게 됩니다.

오늘도 바퀴를 돌려주는 재료가 있음에 감사하고
어떤 질(質)이나 양에 따라 묻지도 않고 따지지도 않고
위 속으로 받아들였던 만큼
거리로 토해내는
질(質)과 양(量)은 불변(不變)이라는 진리가 있어 감사합니다.

제1장

개요

"해를 따라 서쪽으로 가는 까닭은"이라는 계획으로 중국 칭다오에 입국하여 만리장성을 따라 서안을 거쳐 장성의 끝자락인 자위콴(嘉峪關)까지의 편도 2,920km의 대장정의 여행을 2014년 10월 11일 출발하여 11월 15일까지 35일간 왕복 5,800km를 자전거로 하는 여행 계획에 아래 몇 가지를 주안으로 하여 계획을 세워봅니다.

중국이라 하면 먼저 생각하게 되는 것이 만리장성이라고 하는 세계 7대 불가사의의 하나인 중국의 상징적인 문화유산이라고 생각합니다. 인공위성이나 달에서 식별이 가능한 지구의 유일한 구조물로 그 엄청난 규모로 인류가 만든 가장 위대한 문화유산이라고 합니다. 과연 어느 정도 규모일까 하는 것이 제 평소의 호기심이었고 여행을 하게 된 동기이기도 합니다.

중국이라면 중화(中和)의 나라이고 황하문화의 발상지로 아시아인들에게는 동질감을 줄 수 있었고 역사와 문화의 고리가 연결되어 있어 의

식주에서 거부감 없이 친숙함을 느낄 수 있는 곳이었습니다. 몇 번의 여행에서 느끼고 보고 온 것으로 보면 항상 그 여행이 미흡하여 심도 있는 여행에 목말라하였습니다.

그간의 중국 여행을 단편적으로 몇 번의 기회를 가져봤습니다. 워낙 방대한 장성의 규모가 전 국토를 가로질러 있어서 어디를 가나 장성과 접할 수 있어 장성을 주제로 한 여행이 아니었어도 일부분이나마 조금씩은 경험할 수 있었습니다.

병마촌의 서안을 찾아가는 길에도 장성이 길을 안내하여주었고 산수가 아름다운 계림이나 장가계, 구채구를 찾아 가는 길에도 장성이 먼저 다가서서 기다리고 있었습니다. 공자의 고향 취푸의 태산이라든가 무협의 본고장인 숭산의 소림사가 그 지대 전부가 장성과 연관된 관광지일 것입니다. 이번에는 넉넉한 여행기간으로 주제는 아주 만리장성만을 위주로 한다고 정하여 옆도 뒤도 안 보고 만리장성 쪽으로만 보고 장성의 서쪽의 끝자락인 자위콴까지 자전거로 탐색한다는 것으로 정하여 실행하기로 계획을 세웠습니다.

서역의 끝 지점인 자위콴 가는 길은 『서유기』의 손오공이 여의봉으로 닦아놓았던 길이라 손오공의 역할은 저하고 탱이 님이 맡고 삼장법사와 저팔계, 사오정은 하모 님과 두일, 만소가 그 역할을 대신하면 우리 팀과 서유기에 나오는 행동대원과 어쩌면 똑 떨어지게 행동과 성격까지 맞춘 것 같습니다.

우리들의 길은 칭다오에서 출발하여 바쁘게 서둘러 가면 이틀이면 이난[沂南]에 도착하게 될 것이고 먼저 제갈공명을 만나서 이번 여행을 어떻게 하면 무난히 할 수 있는지 그 묘책을 한 수 배워서 실행하게 될 것입니다.

먼저 태산 가까이 있는 공자의 고향인 취푸[曲阜]와 명필가인 왕희지를 린이[臨沂]에서 만나보고 가까이 있는 맹자의 출생지인 쪼우청[趨城]에 들러 한달음에 맹모삼거까지 다녀올 수 있을 걸로 압니다. 자전거로 하는 여행의 기동성은 민활하여, 자동차를 이용하여도 이삼일이 걸리는 데다 속속들이 볼 수 없는 여행길도 자전거는 근접하게 이동할 수 있어 이틀이면 여유있게 완벽하게 할 수 있었습니다.

무림의 중심인 총[崇]산 소림사에 들어가서도 자동차로는 교통장애물로 근접할 수 없지만 자전거는 가고자 하는 곳에 용이하게 접근할 수 있어 무협지에 자주 나오는 현장에 들러보고 겹쳐서 인근에 있는 중국에 제일 처음으로 세워졌다는 불교 사찰 백마사를 둘러보고 근거리에 있는 포청천에 들러볼 수 있습니다. 누군가는 싫어하는 검증을 받고 시작할 수도 있을 것 같습니다. 누구는 죄를 짓지도 않았는데 오금이 저려서 갈 수 없다고 합니다.

며칠 동안 평지만 오르락내리락하다가 제대로 자전거 여행의 맛을 느껴볼 수 없다고 한다면 백두산보다 더 높은 서악의 화산 2,160m를 넘은 길로 인도할 것입니다. 시안으로 들어가는 문턱인 화산으로 올라가는 길은 그동안 며칠 편하게 쉬었다고 자리 값을 호되게 치르게 될 것 같습니다.

이는 난공불락이라는 시안[西安]성에 그냥은 입성시키지 않겠다는 뜻인 것으로 알고 달게 받아 들여야 진시황의 병마총도 사열하게 될 것입니다. 시안[西安]은 최고의 고도답게 며칠을 다녀도 다 볼 수 없다고 합니다. 자전거로 다닐 수 있는 곳만 다녀도 하루 해가 모자란다고 하니 일정 조율이 필수일 것입니다.

란저우 가는 길은 조심하여 극도의 긴장을 늦추지 않아야 한다고 합니다. 중화학 공업도시답게 대형 화물차가 앞이 안 보일 정도로 먼지를 날려 자전거 다니는 길로서는 최악이라고 경고한 것을 잊어서는 안 될 것입니다.

설상가상으로 4,120m의 설산을 넘어야 한답니다. 저는 몇 번의 고산증을 경험하였어도 일행들이 고산증에 적응할 수 있는가를 먼저 시험하고 입산하여야 되겠지만 그곳에 오랫동안 머물러 있을 것도 아니고 바로 티베트의 관문인 고찰 탑이사로 이동하게 되면 고산증에서는 해방되어 문제가 되지 않을 것 같습니다. 그동안 방문하고 관광하였던 명승지가 해발 2,000m에서 3,000m이었으니 고도 지역을 20여 일간 다녀서 자연적으로 고도적응 훈련이 되어, 현재 체류하고 있는 지점이 고도 3,000m지역이라 설산이 높다 하여도 현지에서 1,000m만 더 올라가면 목적지이므로 그렇게 걱정은 하지 않아도 될 것 같았습니다.

몇 년 전(히말라야)에 고산증 적응에 효험이 있다는 비아그라를 약국에서 구입한 적이 있었는데 처방전이 있어야 된다고 해서 병원에 갔습니다. 그런데 하필이면 젊은 여의사였고 약사 역시 여약사로, 빤히 쳐다 보는 시선에 머리가 흰 뒤꼭지가 부끄러웠던 적이 있습니다. 이번에는 이런 일을 당하지 않아 다행이었습니다.

시닝에 들어 가기 전에 비운의 공주 문성공주를 잠시 만나보고 우리들의 최종의 목적지인 서쪽 만리장성의 끝자락인 자위콴의 관문으로 입성하는데, 들어가기 전에 간단한 의식을 갖추기로 하였습니다.

한 달 동안이나 명운을 걸고 온 머나먼 일정에 먼저 조촐한 의식이라도 갖춰야 목적 달성에 더 큰 보람을 느끼게 되지 않을까 하는 생각과 막바지에 왔으니까 숨 고름도 있어야겠다는 생각도 듭니다.

우리들의 최종 목적지 만리장성의 서쪽 제일 관문을 통과하게 되면 돌아가는 길은 볼거리가 없는 것으로 알고 있지만 아시아권에서 보기 드문 사막을 체험하게 된다고 합니다. 장성의 끝자락에서 고비사막의 일부를 통과하는 노정을 잡아 사막도 밟아보고 사막에 있는 오아시스와 아름다운 도시 몽골의 어지나[額濟納]를 들러보게 될 것입니다.

고비사막에 있는 오아시스와 겸해 있는 유채꽃밭을 지나면 지질의 융성으로 생겼다는 티베트고원에 있는 청해호를 만나볼 수 있을 것이고 운이 좋다면 그 물에 몸을 담갔다가 귀국길에 오르면 손오공이 갔다는 십만팔천 리 그 길을 우리들은 자전거 안장 위에서 두 발로 휘젓고 갔다가 칭다오로 돌아가는 것입니다. 오고 간 길을 합친다면 5,600km 정도가 됩니다. 칭다오로 되돌아가는 길이 바쁘다면 자동차를 의존하여 35일간의 멋진 여행을 하게 되어 한 사람(탱이 님)이 가졌던 숙원과 제가 가졌던 희망을 동시에 달성하는 이중의 기쁨을 맛보게 되리라 봅니다.

세상사 모든 일이 성사되기까지는 우연한 기회와 동기에 의한다고 하지만 특히나 이번의 이 여행은 다른 어떤 여행과 달리 호기심과 주위의 권고에 의한 것이 전부는 아니었습니다. 만리장성의 서역 쪽 여행은 특별한 경우라 하겠습니다.

여행의 기본적인 여건도 갖추어져 있지 않았고 특별한 루트가 개발도 되어 있지 않는 여행의 불모지나 다름없는 오지를 자국도 아니고 타국에서 자전거로 여행한다는 것은 많은 모험과 애로가 있을 것으로 알고 감히 이런 곳을 여행하겠다는 무모한 계획을 세우기까지에는 굳건한 용기와 의지가 있어야 했습니다.

이곳을 여행하기 위해서 얻을 수 있는 정보는 부분적이지만 여행사가 가지고 있는 정보에 의존하는 길밖에 없었습니다. 우리들처럼 만리장성의 서역 쪽 전 구간을 전문적으로 여행한다는 것은, 더군다나 자전거

제2부 만리장성 여행 준비 사항 51

를 타고 가면서 여행한다는 것은 일반적인 정보망으로 얻을 수 있는 정보의 한계를 벗어난 것으로 체험으로 얻은 정보 이외는 신뢰할 수 있는 수준이 아니었습니다.

　도움이 될까 하고 얻는 정보란 『삼국지』나 『수호지』 소설 속의 관념적인 이야기뿐으로 오히려 『삼국지』나 『수호지』가 가리키는 것은 소설 속의 이야기가 있는 지명에 불과하여 요즘 불리는 행정구역의 이름과 상이하여 그 정보를 바탕으로 여행한다는 것은 혼돈을 초래할 소지가 있다고 판단되었습니다. 손오공의 『서유기』도 관념적인 소설 속의 이야기를 위주로 한 것이기에 실질적인 여행에 도움이 될 만한 정보는 기대할 수 없었습니다.

　옛 선인들이 하늘의 별자리를 보고 길을 찾아다녔다면 우리들이 유일하게 믿을 것이란 각 지역마다의 안내 책자였습니다. 그 책자들이 길 도우미가 되었으며 부족한 점이 있다면 인터넷의 정보나 구글 지도를 참조하면 될 것이라 믿기로 했습니다.

　다행스러운 것은 "자전거로 여행하는 사람들"이라는 자전거 동호인 사이트에 티베트 지방을 여행한 경험담으로 기고된 여행기가 있어 그곳에 자주 방문하여 남의 나라 땅이지만 지도를 보고 암기할 수 있을 정도로 눈에 익혔습니다.

　탱이 님을 그곳에서 만날 수 있었습니다. 네이버의 독립된 게시판에 유일하게 중국을 소개하는 "탱이의 여행가 세계"에는 중국, 특히 티베트 쪽 여행에 관한 고급 정보가 있어 많은 도움을 받을 수 있었습니다.

　탱이 님이 몸소 실행하였던 여행기였고 여행지마다 겪어야 했던 특별한 사례를 중심으로 한 여행기는 독자가 직접 여행한 것처럼 실감 있게 느낄 수 있게 상세하게 기록되어 있었습니다. 탱이 님이 기고한 여행 정보를 가지고 지면을 통해서 여행기에 기록된 것을 지적도에 복기해가면서 그날그날의 여행한 일기를 가지고 지도상에 도상여행을 하는 것으로 대리만족도 얻을 수 있었습니다. 기재된 글이 실천하였던 살아 있는 여행 정보라서 하나하나의 이야기가 손에 닿을 수 있는 실감 있는 이야기였습니다. 그런 관계로 의문된 점이나 이야기 속에 미흡한 정보가 있다면 자주 필자와 지면을 통하여 의견을 주고 받는 처지였습니다.

친절하고 성실한 알림정보를 탱이 님으로부터 얻게 되어 오랜 기간 동안 상상의 나래를 펴며 무한한 공상의 세계로 도상 위이지만 자전거 바퀴를 굴리는 상상의 여행을 하다가 그 필자가 한국에 체류하는 기간이 있어 방문한다는 연락을 받게 되었습니다.

오래 전에 만난 사람이지만 온라인상으로 만난 처지라 처음으로 상면하는 장소에 탱이 님을 만나러 가는 길이 가슴 벅찬 흥분으로 가득했습니다. 만나면 무엇부터 먼저 물어볼까 하고 수첩에 빼곡하게 설문지를 적어 자전거 타는 사람끼리 가장 자연스럽게 만날 수 있는 장소인 한강 나루터에서 그를 처음으로 만났습니다.

지나간 이야기지만 탱이의 여행기를 탐독하면서 그가 거쳐간 행로에 여행기를 수십 번이나 복기를 하게 한 당사자를 만나려 가는 길이 가슴 벅찬 설렘이었습니다.

가상의 공간이지만 3년이나 가깝게 서로 주고 받은 이야기가 많았던 관계로 서로 대뜸 알아보았습니다. 오래 전에 만났던 사람처럼 스스럼 없이 대할 수 있어 자연스럽게 만날 수 있었는데 첫 대면에 그 친구 쪽에서는 좀 의외라는 표정을 짓는 것 같았습니다. 생각했던 것보다 나이 차이가 많아 의외라고 느껴졌는가 봅니다. 무리는 아니지요. 20년이 넘는 나이 차이라면 일반인들이라도 격의가 있을 터인데 하물며 격의 없

만리장성을 넘다

이 만날 수 있다는 자전거 타는 사람들 세상에서도 20년이라면 상하가 구분되어야 할 나이 차이라 제 쪽에서 먼저 미안했습니다.

나이가 많다는 것이 미안해 할 일은 아니지만 항상 그렇습니다. 나이가 적은 쪽에서 어려워하는 것보다 나이 많은 쪽에서 느끼는 미안함이 더 큰 것은 나이 많은 쪽이 언제나 가해자 입장처럼 되어 '나이가 많기 때문에'라는 원인 제공자가 된다는 것을 젊은 사람 쪽에서 좀 이해하여 주었으면 하는 바람을 가집니다.

상반된 감정이랄까요. 상대방이 어려워하는 척도에 따라 미안한 마음의 편차도 있는 것이 아닐까 생각해서 제 쪽에서 먼저 오해의 소지가 있을 줄 알고 있으면서도 고의로 말을 함부로 하여 편하게 대할 때도 있습니다. 그때에 응대하는 상대방의 표정이라든가 자세로 봐서 일차적인 관문이 거부감 없이 통과되면 나이 차이의 벽을 뛰어 넘어 그들의 세계로 함께 융화될 수 있다는 기쁨에 자칫 잘못하여 오버 페이스가 될 때가 있었습니다.

평소에 이런 경우 조심해야 한다고 하면서도 상대방과 소통이 되었다는 점에 기분 좋은 나머지 자제력을 잃고 말이 많아져 젊은이에게 빈축을 사는 경우가 많아집니다. 제 경우가 그러한 실수를 범하는 경우가 허다했습니다.

그날의 만남은 짧은 시간이었지만 많은 이야기를 나누는 유익한 시간이었습니다. 처음에 이 여행을 누가 하는 것이냐고 묻는 질문에 제가 장본인이라고 대답하였더니 의외라는 곤란하다는 표정만 빼면 원만한 만남이었습니다. 첫 대면에 이런 오지 여행에 설마 이 늙은 당사자가 본인이 아닌 것으로 짐작하는 것은 무리가 아니라고 보는 것이 이해는 되었습니다.

한국에 있는 동안의 짜여진 시간에 다음의 만남의 시간을 정하였으면 좋았겠지만 일정을 정하지 못하고 시간 여유가 있으면 연락하겠다는 약속를 두는 것은 나이가 많은 늙은이라고 따돌림하는 것이라 생각해두겠지만 자기도 늙은이가 된다는 사실을 알고 이해하기를 바라면서 다음의 만남이 있기를 간절히 바라면서 헤어졌습니다.

그는 칭다오에 살고 있으며 두 자매를 둔 가장으로 중국 국적을 가진 한국 사람이었습니다. 두 자매는 중국의 유수한 대학에 들어가 장녀는 졸업하고 차녀는 재학 중이라고 하면서 생활은 넉넉하지 않지만 자전거 여행에 부담이 될 그런 가세는 아니라 하였습니다. 나이는 제가 만났을 때 57세로 닉네임은 '탱이'라 부르는 사람이었습니다. 탱이란 이름은 자기의 별채의 당호(樘自園(탱자원))를 따서 인용한 것 같습니다.

이번 방문 길에 저와 다음 만날 약속을 하지 못한 것은 병원 진료 일정이 유동적인 것 같았습니다. 한국에 방문한 중요한 일은 건강관계인 것 같았습니다. 칭다오에 들어가면서 전화로 진료 결과에 따라 한국에 다시 나올지 모르지만 확실한 것은 2개월 후에 있는 아시안게임 때 칭다오 자전거 동우회 팀을 자국 응원 팀으로 구성하여 올 때 충분한 시간이 있을 것 같아 그때에 다시 만나 이야기를 나누자고 하였습니다.

중국 자전거 팀은 한국의 아름다운 국토에 소문이 난 아라뱃길로 낙동강 하구까지 잘 다듬어진 자전거 전용도로를 타고 라이딩 하는 것이 주 목적이라고 하였습니다. 아시안게임 참가는 경기 관계자가 아닌 일반 관객 입장으로 이번 한국 길에 참여하게 될 것이라면서 비중은 자전거 여행에 목적을 두고 아시안게임 개막식 참관 이틀 전에 도착하여 관광 라이딩과 아시안게임과 용산전자 상가에 방문하는 5박 6일 일정이라고 했습니다.

만리장성 여행스케줄 작성

구성요원과 전지훈련

일반적인 다른 여행과 특별하게 달리하는 점이란 전지훈련으로 상호 간의 기능과 취미와 여행에서 각자가 추구하는 관점이 다른 것을 최대한 공약수를 집약하여 서로 간의 이해와 배려를 사전에 다진다는 뜻에서 훈련을 통하여 인성을 점검하는 데 목적을 가진 것으로 했습니다.

그중에 가장 어려운 점이란 여행지마다의 특성에 맞춰 융화한다는 것이 어려운 점이라 하겠습니다. 역사적인 유물지라든가 또는 풍광이 아름다운 명승고적지에 대한 저마다 관심도가 다르므로 일정 조율과 원만한 시간 안배가 어려운 점이라 알고 훈련기간을 통하여 조율하고자 함이었습니다.

1. 1차 훈련 9월 20일 여행자 인선 완료

   써컴, 만소, 하모, 두일, 덕고불

2. 예행 훈련 겸 준비사항 점검

- 훈련 일시 : 9월 20일 오전 11시
- 장소 : 잠실 선착장
- 행선지 : 행주산성 (잠선 기준 왕복80km)
- 토의사항 : 각 개인의 준비물 점검

   A. 공용물품 배분표(각 개인)

      이중으로 겹치는 물건 선별

   B. 여권 및 비자 관계

   C. 여행비(역할 분담으로 출납 담당 선임)

   D. 구좌 개설 및 신용카드 발급

   E. 정보망 구축(국내/국외)

3. 2차 전지훈련

- 모임일시 : 9월 28일 오전 10시
- 장소 : 춘천역
- 행선지 : 평화의 댐 인근 지역(세부사항은 진행과정에 상의 처리)
- 여행기간 : 9월 28~30일(2박 3일)
- 토의사항 : 1) 합의서 서명 (소정 양식 댓글로 의사표시)

       2) 의견수렴 소통 창구 개설 및 현지 정보망 구축. 현

         지 적응훈련으로 자캠 형식

       3) 비상연락망 공유

4) 건강진단서 공유

5) 여객선 터미널에서 만나는 시간, 화물량 점검

6) 위안화 환 교환 및 여행자 보험 가입

- 준비물 안배 : 여행일정에 따른 국내 준비물과 현지 구매 물
  품을 구분하여 각자에게 무게와 금액을 안배
  하여 여행지에서 이동성과 보관성을 감안하여
  가장 효율적인 방법을 검색하여 각자에게 안
  배합니다.

4. 여행 루트 합의

여행지가 방대한 관계로 한 사람이 전체의 정보를 검토하기에는 무리한 것으로 판단되어 전 구간을 5등분으로 나누어 각자의 책임 구간을 정하여 검색하고 그 결과치를 공유할 수 있도록 편의를 제공하여, 아는 것만큼 여행의 질을 향상시킬 수 있다는 마음가짐으로 다양한 상황에 대응할 수 있는 자세를 중히 여겨 여행에 책임 구간을 정하기로 하였습니다.

지난 여행에 경험한 바에 의하면 여행한 당사자가 사전에 여행지의 역사와 문물을 공부하여 자기가 수집하여 가지고 있는 정보를 확인하는 차원에서 관광하게 된다면 좀더 심도 있게 보게 되어 더 의미 있는 진지한 아름다움으로 기억됨을 볼 수 있었습니다.

그냥 지나치는 눈길로만 보게 되는 경우는 그림책을 보는 것과 다를 바가 없음을 알고 여행지마다의 특색 있는 볼거리를 사전 정보를 가지고 임하는 것이 바람직하다고 생각했습니다.

이 여행을 실행하기 위해서는 필요한 자료도 방대하였지만 잘 알려지지 않는 미개척지가 많았던 관계로 여행지의 문물과의 소통에는 난관이 많았습니다. 중국에 거주하고 있는 탱이 님도 중국에 소수 민족들의 방언과 티베트와 위구르 지방의 언어로는 소통이 되지 않아 제 특유의 현란한 몸짓 언어(바디랭귀지)가 그 빛을 발하여 여러 차례의 어려움을 넘고 보니 탱이 님과 의기투합하여 목표를 달성하는 데 기여하게 되어 어려운 여행 루트를 찾아 다니기에는 문제가 없었습니다.

서역 쪽에 몇 번을 여행한 탱이 님의 경험과 기지가 있었기에 가능하였고 말없이 응원하고 따라 주었던 동료가 있었기에 유쾌한 여행을 만들 수 있었습니다. 여행이란 완벽하게 준비된 상태에서 출발하였다 하여도 현지에서 진행하다 보면 생각지도 않았던 곳에서 여행에 차질을 빚는 경우를 경험하게 됩니다. 지난 여행에 다녀온 후 이번 여행에 준비사항을 면밀히 검토하여 준비한다고 했지만 여행지마다 국가마다 여행 준비물이 달라지므로 이번 만리장성 여행에서는 지나왔던 여행의 경험을 토대로 철저한 준비과정부터 실천한 과정을 기록으로 남겨 놓고자 합니다.

여행의 종류에 따라서 준비사항이 경중의 차이는 있을 수 있으나 기본적인 것은 변함이 없다고 생각해서 누구하고, 어디를, 어떻게 가느냐의 세 가지 정도는 꼭 짚고 넘어가야 될 줄 압니다. 준비사항도 이 세 가지 관점을 중심으로 한다는 것도 중요하지만 이것은 여행을 하기 위한 수단에 불과하여 내면적으로는 어떤 점에 심도 있게 관찰이 되었느냐에 무게를 두는 것이 여행의 본질이라고 생각합니다.

제3장

행선지(구간별 이동 거리)

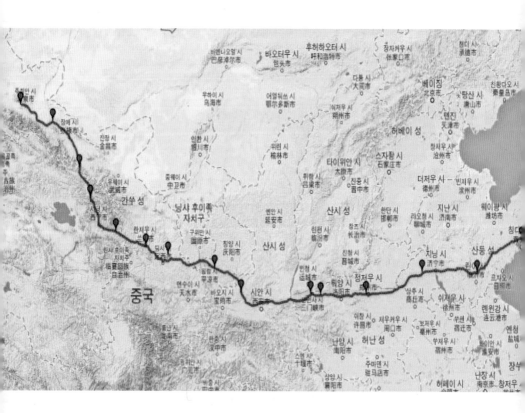

구간별 지도(등고선)

구간별 이동거리 및 교통수단

자전거 이동거리 (추정)

1. 칭다오~이난 221.8km 160km

2. 이난~취푸 227.4km 180km

3. 취푸~란카오 243.7km 190km

4. 란카오~숭산 소림사 196.4km 150km

5. 소림사~화인(화산.2160m) 336.1km 220km

6. 화인~빠오지 301.5km 280km

7 빠오지~칠채산맥 24km 24km

8. 빠오지~란저우 478.2km 360km

9. 란저우~시닝 225.2km 140km

10. 시닝~자위콴 658km 350km

11. 자위콴~칭다오 2,700km 300km

※ 합 계 5,630km 2,310km 자전거 주행거리 일/평균 60km

제4장

중요 경유지

　여행지의 전 지역이 11월은 온난하여 자전거 여행에 최적기라고 추천받아 중국에 거주하는 교민의 초청으로 여행하게 되었습니다. 현지 교민이 전 일정을 동행하게 되어 그쪽 문물과 자전거 여행에 해박한 지식으로 우리들을 인도할 것입니다.

　여행의 콘셉트는 『삼국지』에 나오는 명승지 답사와 중국의 주요인물이 탄생한 고도를 중심으로 자전거로 탐방함으로써 자연적으로 문물과 비경을 함께 느껴볼 수 있으리라 생각합니다. 또한 가장 경제적인 비용으로 짧은 시간에 많은 것을 보고 느낄 수 있는 방법은 자전거 라이딩으로 하는 방법이라 생각하고 일타삼매하고자 합니다.

경유지(여행코스 지도 참조)

- 칭다오(靑島) 중국 내 교민이 가장 많은 최고의 휴양도시. 중국에서 가장 독일다운 곳, 해안도로 자전거 라이딩 코스 일품.
- 이난(沂南) : 최고의 충신 제갈량의 고향.
- 린이(臨沂) : 천하의 명필 왕희지의 고거가 있음.
- 취푸(曲阜) : 성현 공자의 탄생지. 태산(太山) 가까이 있는 곳.
- 쪼우청(趨城) : 맹자의 출생지.
- 허쩌(菏澤) : 모란의 고장.
- 카이펑(開封) : 뻬이징(北京), 쑤저우(蘇州), 항저우(杭州), 뤄양(洛陽), 시안(西安)과 함께 6대 고도임.
- 총(崇)산 : 중악으로 소림사가 있음.
- 뤄양 : 백마사가 있음.
- 화인(華陰): 2,160m의 서악 화산이 있음.
- 시안 : 병마용과 진시왕릉이 있는 최고의 고도. 몇날 며칠을 다녀도 다 볼 수 없는 곳.
- 란저우 : 깐수주랑의 관문으로 중화학이 발달된 공업도시.
- 시닝 : 티베트의 관문. 티베트의 고찰 탑이사와 최대의 청해호가 있음. 4,120m의 설산이 있음. 고산증에는 문제가 없지만 눈 덮인 자전거 길 조심.
- 자위콴(嘉峪關) : 만리장성의 서쪽 제일문.
- 어지나(額齊納) : 몽골. 고비사막의 아름다운 오아시스.
- 인촨(銀川) : 회족의 본향.

제5장

여행비 산출표

- 언 제 : 2014년 10월 11〜11월 13일까지 (34일±3일)
- 어디를 : 靑島에서 만리장성의 끝 嘉欲關까지
- 얼마나 : 편도 2,670km 자전거 탐방 라이딩(도상 거리)

1. 공통 기행 경비

공용경비(지원차량과 기일)

- 400圓×30¥=12,000×170=2,040,000원

- 도로(이동거리) : 국도 2,800km+고속도로 1,170원=200,000원

- 주유비(L당 7.2圓) : 1일당 10km 주행=4,032=780,000원

- 소계 : 3,020,000원

- 참가인원(6명일 경우)=인당 약 500,000원

2. 개별 기행 경비 : 1日/120圓 쯤(2人1室, Wi-Fi(上網)].

◆ 숙박비
- 농촌 진[鎭] 지역은 2人1室 30 ~ 50圓.
- 도시 지역은 2人1室 50 ~ 80圓.
- 3성급 호텔 2人1室 250 ~ 350圓.
- 1人 120 × 30 = 3,600 × 170 = 612,000

◆ 식사, 간식(과일, 음료, 물)
- 1日1人/120圓 예상. 부식(기타)의 구입에 따라 추가될 수도 있음.
- 早 : 10圓 未滿
- 中 : 15圓 左右.
- 夕 : 25圓 程度.
- 음료와 과일(飮料, 水果) : 60×30 = 1,800 × 170 = 306,000원

◆ 입장료 기타/문표(6景80圓) : 64,000원
◆ 칭다오입 · 출국여객요금 : 360,000원
◆ 팀복(단체복 상의), 현수막(2m*3m) : 50,000원
◆ 음주, 가무, 안마비, 여권 비자비는 별도

※ 합계(1인당 소요금액) 1,900,000원(전체경비 1일 55,000원)

※ 상기금액으로 집행과정에 항목별로 변수가 10% 내외가 증감이 있을 수 있으나 전체적인 여행경비에 미치는 영향은 없다고 생각듭니다.

시사회 및 사진전에 소요되는 경비는 동행인들의 동의를 얻어 협찬사에서 지원받도록 할 예정입니다. 공용물품 배분표는 추후 개인별 통보합니다.

지원차량으로 하는 자전거 여행의 장단점

어떤 종류와 목적을 가진 여행이라도 여행의 질을 가늠하는 것은 이동하는 수단과 숙박 및 먹거리라 생각이 들어 궁여지책으로 지원차량, 즉 van(+자전거)으로 하는 것을 생각하여 보았습니다. 자전거를 타고 다니면서 관광한다는 전제하에 계획을 세우다 보니 도착된 관광지에 구석구석 헤집고 다니면서 관광하려면 무거운 짐을 가지고 다닐 수도 없고, 또한 가는 데마다 호텔을 예약하는 번거로움을 해결하는 방법으로 조금은 불편하지만 지원 차량을 이용하는 것도 차선의 방법이라 생각했습니다.

지원 차량를 이용하게 되면 일행들의 컨디션 조절과 여행 중에 일어날 수 있는 예기치 않은 날씨 및 신변에 대한 보안 문제와 그리고 짜여진 여행 일정을 무리없이 잘 소화할 수 있으므로 경제적인 혜택을 누릴 수 있다고 생각합니다.

식사는 현지 시장 환경에 따라 매식을 원칙으로 하나 때에 따라서 출발할 때 한국에서 나누어서 준비한 밑반찬으로 야영장 조리실에서 식사를 간단히 해결할 때도 있고 상황에 따라 융통성 있게 해결하면 가끔은 야영장에서 바비큐 파티도 즐길 수 있다고 보입니다. 좋은 육질의 고기와 독한 고량주 한 잔으로 피곤한 당신의 몸을 꿈나라로 안내할 것입니다.

팔
순
바
이
크

이동 수단의 교통비 및 숙식을 상기한 방법으로 해결한다고 봤을 때 일반 패키지 여행비에 반값으로 더 고급스럽고 더 많은 것을 체험하는 여행이 되리라 봅니다. 우리 모두 기대하여 실천에 옮겨봅시다.

지원차량을 이용하게 되면

1. 여객선으로 입출국하게 됨으로써 경제적인 효과보다 자전거 운반에 따른 복잡한 문제가 해결될 수 있으며 화물의 용적과 용량에 다소 허용량이 있다고 보입니다.

2. 예기치 않는 일기 변화 또는 도로 사정이 원활치 않을 경우 이동하는 시간으로 대체할 수 있어 시간의 효율성을 가질 수 있습니다.

3. 휴대하여야 할 일상용품을 지원차량에서 수급할 수 있어 화물의 무게에 영향 없이 항상 최상의 컨디션으로 라이딩 할 수 있어 일정 소화에 무리가 없다고 보입니다.

4. 5,800km(지적도상) 왕복거리를 여행기간 동안 소화한다는 것은 물리적으로 불가능하다고 생각할 수 있으나 지원차량을 효율적으로 운영하면 가능하다고 생각이 들며 이를 실행하기 위해서는 함께한 여행자들의 절대적인 지원과 절제된 생활방식이 요구됨을 인지하여 여행이 끝날 때까지 안전을 최우선시하여 서로 배려하는 마음을 가진다면 문제 없으리라 봅니다. 경험한 바, 발칸반도 13개국 6,000km 41일간, 히말라야 3,000km 35일간 등등 다수의 여행을 이런 방식으로 무리 없이 실천한 경험이 있어 안심하여도 되리라 봅니다.

5. 지원차량이 있으므로 자전거 라이딩 중 사고나 시간을 요하는 고장 수리 또는 라이더의 컨디션 조절에도 용이하여 전체적인 여행

리듬에 영향을 미치지 않게끔 수습할 수 있습니다.

가장 적정한 라이딩 인원은 6~8명으로 체험으로 터득한 것은 요약하면 아래와 같습니다.

**

첫째, 라이더의 한 사람과 한 사람 사이의 거리는 5m로 잡았을 때 행렬의 거리가 30~40m가 됩니다. 그 정도 대열의 길이라면 가시거리로 앞선 사람과 뒷 사람의 의사 소통도 가능합니다.

둘째, 해외에서 라이딩 할 경우(국내에서도 마찬가지입니다), 예기치 않는 일기 변화와 로드 컨디션에 따른 루트 변경 시 인원을 차량으로 수용하여 대피할 수 있는 수치는 대체로 7명까지 가능합니다.

셋째, 기록물 제작에 8명은 좀 많습니다만 카메라 파인더 속에 다 넣어 피사체를 식별할 수 있는 수치라고 생각이 듭니다. 그래도 다큐 제작에는 산만해지는 결점을 가지는 숫자입니다.

넷째, 함께 식사할 경우 눈을 마주하고 식사를 즐길 때 두 테이블을 넘는다면 공간이 넓어지므로 대화의 톤이 높아지니 피하여야 될 줄 알고, 많은 인원이 일시에 서비스를 받고자 한다면 본의 아니게 불쾌감을 줄 수 있는 환경이 되기 쉬우니 피해야 될 줄 압니다.

다섯째, 잠자리 룸 베드가 4개 그 이상이면 업주도 편치 않아 서비스를 받을 수 있는 최대한의 룸 베드 수량입니다.

여섯째, 비박할 경우 텐트를 우물 정(井) 자로 편성하여 재난에 대비하여 안정을 기할 수 있는 진법으로 설치합니다. 우발적인 재난에 대비할 수 있고 의사 소통에 가능한 평면이라고 생각 듭니다.

제6장

합의서(合議書)

지원차량(+자전거)으로 중국 여행을 함께할 모든 대원들이 여행의
출발부터 끝나는 날까지 여행의 전 일정 속에서 일어나는 모든 일들에
대하여 다음과 같이 합의를 하고 각자 서명 날인을 합니다.

– 다 음 –

제1조 (목적)

본 합의는 2014년 10월 13일부터 동년 월 일간 실시하는 중국 자전거
여행을 유쾌하고 원만하며 안전하게 마치기 위하여 대원 간 서로 협력
하는 팀웍이 절실히 필요하다는 것을 모두가 인지하고 이를 실천하기
위함에 그 목적이 있다.

만리장성을 넘다

제2조 (행사개요)

중국 칭다오에서 자위콴, 인촨까지 약 1개월간 체류하여 천혜의 아름다운 자연 속에서 자신을 발견하고 상호 간 친교를 도모하며 여행기간 중에 일어나는(사진, 글, 영상, 건전한 스포츠) 일을 통하여 다양한 방법에 의하여 여행의 질을 높이기로 결의한다.

제3조 (대원의 역할)

대장은 여행의 리더로서 즐거운 여행을 무사히 마칠 수 있도록 대원 상호 간의 의견을 수렴, 조정하고 각 대원의 역할분담을 통하여 결정된 사항에 맡은 바 책임을 다할 수 있도록 지원하며 대원은 출발 전 여행일정을 숙지한 대로 정하여진 전 일정을 명랑한 분위기 속에서 무리없이 소화할 수 있도록 최선을 다하여 협조한다.

제4조 (책임과 의무에 대한 합의 사항)

ㄱ. 공동경비를 사용함에 있어서 대원의 동의를 구하여 집행토록하며, 투명한 회계처리로 전 과정을 공개하여 정산하며 증감이 있을 시 1/N로 부담하는 것을 원칙으로 한다.

ㄴ. 모든 대원들은 여행 중 촬영된 사진, 영상 저작물에 대하여 초상권에 관한 이의를 제기하지 않으며 이에 발생하는 지적생산권(출판권, 영상 상영권, 전시권)은 여행에 참여한 모든 대원의 공유물로 하고 이에 발생되는 수익금은 공동 소유를 원칙으로 한다.

ㄷ. 여행 중 발생한 상해, 도난, 천재지변이나 불가항력적인 일정의 지연, 불편함, 기타 여러 가지 위험이나 리스크에 대해서는 대원들은 각자 자기책임으로 대처하여야 하며 타에 어떠한 책임전가

도 할 수 없다.

ㄹ. 각 대원은 자신의 건전한 의사결정에 의해서 여행에 참가하였으며, 동 여행을 자신의 책임하에 여행의 시작과 끝을 마무리함을 재확인한다.

ㅁ. 대원간의 갈등 또는 의견의 충돌이 있을 시에는 다수의 의사를 존중하여 처리하되 그 의사 결정이 상반할 시 대장의 의사결정에 따르기로 한다.

ㅂ. 대원간의 갈등으로 원만한 여행의 진행이 어려울 경우 대장은 해당되는 대원을 여행에서 격리시키며 격리된 대원은 자신의 책임과 능력으로 귀국한다. 여행경비에 대해서는 격리된 시점까지 발생한 것을 공제하고 잔액을 귀국 후에 환급한다. 단 공동의 장비구매, 렌터 카 비용 등 기집행되거나 확실히 구분할 수 없는 비용은 반환치 아니하며 모든 대원은 이러한 제반 조치에 대해서 여행중이나 귀국 후 이의를 제기하지 아니한다.

ㅅ. 통상적인 상식과 도덕적으로 용납할 수 없는 행위가 발생한 경우, 대장은 대원의 건의 또는 요청을 받아들여 발생 즉시, 경고와 시정 또는 격리 등의 조치를 취한다.

해당되는 조치를 받은 대원은 즉시 수용하여 시정또는 격리조치에 따른다.

제5조 (갈등의 해소 process)

ㄱ. 여행기간 중 발생할 수 있는 갈등을 해소하기 위해서 갈등소지 또는 분규 등을 조기에 발견하고 해소방법을 대장에게 수시로 건의

한다.

ㄴ. 대장은 갈등을 해소하기 위해서 대원의 개별적인 면담과 접촉을 할 수 있으며 전체 회의를 소집하여 대원의 의견을 경청하여 신의 성실로 문제를 해결한다.

ㄷ. 모든 대원은 상호의사를 존중하고 경청하는 자세를 견지하고 가급적 합의과정을 선행한다. 합의하지 못한 내용에 대해서는 대장의 최종결정에 따른다.

제6조 (여행 중 자신의 재능, 탤런트의 공여)

여행기간 중 자신이 가지고 있는 탤런트와 재능은 자발적으로 대원들에게 발표하고 기꺼이 여행의 원만한 진행을 위해서 그 재능과 탤런트를 대원 모두를 위해 제공한다.

제7조 (여행 중 역할분담)

상호 협조하에 여행을 진행하되 특정 대원에게 부담이 가중되지 않도록 상호 조정한다. 상호 조정이 어려울 경우 대장은 특정 대원에게 임무나 역할을 부여할 수 있다.

상기에 기술하지 않은 사항이 발생하였을 시 일반 관례에 준하여 처리키로 한다.

20 년   월   일

상기 사실을(제1조부터 7조) 확인하고 서명날인 합니다.

제7장

탱자원(樘自園)의 결의

칭다오에 도착해 입항 수속을 마치고 10시경에 입국 수속을 마쳤습니다. 자전거로 하는 여행객에게는 여객선을 이용할 경우 이런 점이 있어 편해서 좋았습니다. 화물의 까다로운 운송규격보다 큰 장점이란 자전거를 별도로 분해 조립하지 않아도 되어 바로 라이딩에 임할 수 있다는 것입니다. 시간도 절약할 수 있고 조립에서 오는 기계적인 손실이 없어서 좋았고 화물도 넉넉하게 가지고 올 수 있어서 큰 보탬이 된다고 생각합니다.

※ 비행기로 화물을 운송할 경우 화물 규격이 가로, 세로, 높이가 210㎤를 초과해서는 안 되고 인화물이나 도금류 유무를 확인하는 절차가 까다롭고 내용물이 변화나 마찰로 일어나는 소음과 유동성이 있는 물품은 제한을 받게 되며 항공사마다 허용하는 무게도 엄격히 제한되어 출발할 때부터 화물과의 전쟁을 치르게 됩니다.

　입국장에 탱이 님이 영접하려 나와 있었습니다. 그리고 아시안게임 때 한국에 왔었던 바이커와 함께 온 칭다오 지역 동우회 회원이 역 광장을 메웠습니다. 인천항에서 보여준 '불난 호떡집' 광경보다 더 야단스러웠습니다. 자기집 안방이라고 한마디로 대단한 환영 잔치였습니다.

　시내 자전거 퍼레이드 하기 전에 호텔에서 베푼 리셉션 파티에 먼저 참석하여 서로 인사를 나누었습니다. 동양권인데 연회장의 리더는 여자들 일색이었습니다. 그때 한국에 방문치 않았던 낯선 분들도 몇 명 참석했는데 직접적인 관계가 없는 분이면서 그분들이 더 난리였습니다.

　환영행사 하는 자전거 퍼레이드 행렬의 길이가 에스코트 하는 차량도 동원되어 300m나 되었습니다. 지휘하는 선두차에 의해 칭다오의 넓은 해변가에 도착하여 환영행사 끝 마무리에 감사하고 우리들은 여행의 시발점인 탱자원까지 행사장에서 출발하여 한 시간 정도 라이딩 하여 시내 외곽 농장 안에 있는 탱이 님의 쉼터인 탱자원에서 칭다오의 첫 밤을 맞이하게 되었습니다.

쉼터가 과수 농장 안에 위치하고 있어 조용한 분위기 속에 오늘의 여장을 이곳에서 풀었습니다. 내일 아침에 출발하여야 하므로 그간의 이 여행에 관하여 나름대로 생각한 것을 기탄없는 이야기로 재다짐하는 자리를 가졌습니다.

우리가 가는 행로 속에는 중국 문화의 발상지답게 문화자원이 산재되어 있고 만리장성을 끼고 있는 자연의 아름다움은 중국의 절경을 품고 있는 곳이라 탐방의 소재로 더 이상 바랄 것이 없는 완벽한 코스로 기대하여도 되리라 생각하였습니다.

탱자원에서 브리핑

이 여행을 시행하기 위해서 필요한 것은 각자의 자신의 체력 안배와 절제된 생활이었습니다. 여기 참가한 동료들은 철저한 자기 관리 분야에는 베테랑들이라고 하지만 서로 깨우쳐 가면서 서로 밀어주고 당겨주면서 에너지 소실되는 헛기침 한 번이라도 안 하게 경계하여 최상의 컨디션을 유지할 수 있도록 주위를 항상 경계하여야겠습니다.

여행지의 전 지역이 11월에는 온난하여 자전거 여행에 최적이라는 추천이 있었지만 현지 교민인 탱이 님이 전 일정을 동행하게 되어 그쪽 문물과 자전거 여행에 해박한 지식으로 우리들을 인도할 것이라 안심이 되었습니다.

여행의 콘셉트는 〈해를 따라 서쪽으로 가는 까닭은?〉

만리장성의 끝지점을 찾아가는 여정에 『삼국지』에 나오는 명승지 답사와 중국의 주요인물이 탄생한 고도를 중심으로 자전거로 탐방함으로써 자연적으로 문물과 비경을 함께 느껴볼 수 있으리라 생각하고, 가장 경제적인 비용으로 짧은 시간에 많은 것을 보고 느낄 수 있는 방법인 자전거 라이딩으로 갔습니다.

직접 다녀온 여행지에 준비된 여행 자료로 설명하여도 행선지가 방대하여 구체적인 노정을 설명하여도 이해가 되지 않고 몸소 체험으로 터득하여야 한다는 결론으로 만리장성을 품고 자전거로 가야 하는 거리로는 2,920km만 생각하는 굳은 의지만 믿기로 했습니다.

탱자원의 전경

유비, 관우, 장비가 도원결의를 한 장소를 본떠서 만들었다고 합니다. 분위기로 봐서 우리가 관우나 유비가 되지 못해서 도원의 결의가 될 수 없었지만 집 주위에는 복숭아와 오디나무가 몇 그루가 있었고 밭은 어디까지 경계선인지 탱자나무로 지어진 것으로 보면 300평이 넘을 듯 하였습니다. 건물은 단층으로 30평 내외 주거 목적으로 건축된 집이 아닌 것으로 보여졌습니다.

우리는 처음으로 방문하였으나 그간에 자전거 여행객들이 이곳에 다녀간 흔적이 여기저기 널려 있었습니다. 여행 중에는 귀하게 쓰였던 물건이지만 끝나고 난 뒤 필요없게 된 물건들이라 버리고 갈 물건들이 다음 여행객들에게는 귀하게 쓰여질 물건들이 있었습니다. 자전거 짐받이에 쓰이는 고무밧줄이며, 길 위에 튀어오르는 물을 막아주는 발토시는 자전거 여행객에게는 꼭 필요한 물건들이라 여기에서 보충하였습니다. 탱이 님은 누구나 자전거 여행가라면 쉬어 갈 수 있는 안식처로 만들어 누구나 부담 없이 사용할 수 있게 하였습니다. 10여 명은 편히 쉴 수 있는 공간이 마련되어 우리들도 오늘 하루밤을 편하게 보내고 이곳에서 다음 일정에 향하는 시발점이 되어 각오를 다질 수 있었습니다.

　탱자원은 누구에게나 방문하는 사람에게 무료로 하루에 라면 1개와 달걀 2개를 정량 급식으로 지급한다고 하였습니다. 듣는 소문으로는 그 라면 맛이 별미라고 소문이 나 있어 못 먹고 가는 것이 좀 섭섭했지만 다음 여행객에게 미루고 우리가 준비한 여행 기자재를 다시 점검하고 공용물품을 안배하여 무게에서 오는 부담을 최소화하여 꼭 필요한 물품만 편성하여 무게에서 오는 부담을 덜어야 했습니다.

　자캠 여행이라고 별다른 것이 아닌 일반 가정 생활하는 것에 축소판이라 생각 듭니다. 있으면 있어서 좋고 없으면 없는 대로 조금 불편한 것뿐이라고 생각하여 최소한의 짐을 꾸리면 되었습니다. 여행에 준비물이 풍요롭다고 여행의 질이 절대적으로 풍요로운 것이 아닐 것입니다. 물질에서 풍요로움보다 마음에서 오는 것이 더 중요히 생각하여 이 여행이 시종일관하여 어차피 주어진 일정은 어떤 방법으로든 소화가 되는 것은 이미 기정사실화 된 것이니까 넉넉한 마음으로 대처하면 되겠습니다.

　여행 중에 바삐 서두르다 보면 그나마 준비한 것도 다 쓰지 못하고 다시 돌아갈 때 덧짐이 되어 천덕꾸러기가 될 때도 있습니다. 이를 유념하기 위해 일행들의 소지하고 있는 여행물품은 제 것뿐만 아니라 남의 것까지 속속들이 알고 있어야 주어진 시간에 대처할 수 있는 순발력을 가질 수 있었습니다

　오늘 출발에 앞서, 첫째 날만은 하루에 완주하기에는 애매한 거리였습니다. 정해진 목적지로 가기 위해서는 평소보다 한 시간 더 소요되

는 거리라고 어제 저녁 잠자리 들기 전에 먼저 예고한 상태라, 모두 양해한 사항으로 한 시간 먼저 출발하기로 했습니다. 탱이 님은 우리보다 먼저 서둘러 기상하여 우리 잠자리가 불편할까 봐 새벽 산책 다녀왔다고 했습니다.

오늘 첫날이라 길 사정이 좋은 곳에서만 무리하더라도, 오늘 밤의 잠자리를 생각해서 제갈량의 고향인 이난까지 221.8km 중에 140km은 자전거로 주행하기로 계획을 세웠습니다.

1. 하루에 자전거로 60~100km 씩 35일간 쉼없이 주행하는 것은 큰 어려움이 없을 걸로 압니다. 히말라야 어려운 굴곡의 환경에서도 소화한 것으로 미루어 보면 성취감에서 오는 만족도는 고난을 승화시키는 기쁨을 맛보게 되리라 봅니다.
2. 식사는 제때에 못할 경우 때에 따라서 길거리에서 자급으로 끓여 먹어야 할 때도 있겠고
3. 잠자리는 때에 따라 텐트 속에서 밤을 보내야겠지만 티베트 지방 고비사막에서는 모래바람과 낮과 밤의 기온 차이가 많음을 극복하여야 하고, 이는 잘 훈련된 건강한 젊은 청년들도 하기 힘든 강행군인데 더군다나 건강 문제가 있는 그분과의 여행에서 장담은 논할 수 있는 처지가 아니었습니다. 그러나 병마에 시달린 몸이지만 갈고 닦아 이런 여행으로 다져진 몸이라 이겨 나가기를 소망하고 어쩌튼 이겨나갈 수 있는 동력을 가지신 분이라 응원만 하면 무난히 진행해 나갈 것입니다.

출발에 앞서서 탱이 님과의 관계도 동료들에게 알려 정리한 상태라면 어떨까도 생각해봤습니다. 처음부터 탱이의 건강 상태가 6개월에서 1년밖에 생존할 수 없는 시한부 인생이라고 그 사항을 동료들에게 말씀드려야 옳았지만 그럴 경우 이 행사를 애초부터 진행할 수 없을 것으로 추측하고 저 혼자서 어쩔 수 없이 내린 결론이었습니다.

설사 전원이 이런 사실을 알고 협조와 편달로 진행하여도 장본인이 편치 않을 것이고 동행인의 응원이 있다 하여도 현지에서는 별다른 도움을 줄 수 있는 여건이 없을 바에 혼자서 자기가 가진 소망을 자기 자신의 힘으로 이루는 것을 보는 것으로 의미를 두고 자기 자신의 혼자의 힘으로 성취하는 만족감을 가지게 지켜보고자 함은 저만이 가진 생각이지만 탱이 님의 실천의지가 더 돋보이게 함이 아닐까도 생각해봤습니다.

이 문제는 나부터 그간의 마음고생을 힘들게 결정하였는데 제3자도 아닌 여행에 동행하는 당사자에게 동조를 얻기에는 불가능하다고 판단하여 장본인과 저, 둘만이 알고 가야 할 숙명 같은 것으로 체념할 사항이라고 결정하였습니다. 만약의 어떤 경우라도 당하게 되면 고의는 아니라는 것입니다. 6개월에서 12개월이라는 보장받은 생존기간이 있으니까 그 간에 어떤 경우 불상사가 일어나면 사고이지 다른 어떤 사전에 예고된 사유가 있었던 것이 아니라고 생각하기 때문입니다. 무슨 큰 비밀이나 또 무슨 죄지은 것이 있는 것처럼, 자연스럽고자 해도 동료들을 쳐다보는 제 가슴은 늘 차가움에 시렸습니다.

그러나 뜨거운 가슴으로 시작한 것이니 어느 때인가는 가슴과 가슴으로 전이가 되겠지 하는 바람으로 살얼음판을 걸어가듯 자전거 안장 위에 올라야 했습니다. 처음부터 악의를 가지고 한 일이 아니니까, 어떤 힘에, 정말 어떤 전능한 힘에 의하여 무사히 진행되겠지 하는 막연한 기대와 용기로 목표물을 향해 이미 활시위를 날렸습니다. 목표물에 맞추기를 바라지 않았습니다. 그 근방까지만 가준다면 그 이상 바라지도 않기로 기원했습니다. 나 혼자 가진 비밀이라 하루하루 동료들을 바라보는 제 가슴은 처음에는 동료들을 똑바로 쳐다보기에도 민망스러워 가슴이 저려왔습니다. 그 저린 가슴은 여행의 남은 거리가 줄어가며 하루 하루가 지날수록 그 빈도가 적어져 탱이 님의 눈길이 제 마음을 감싸주는 듯이 치유하여 주었습니다.

이번 여행은 남이 가지지 못하는 또 다른 즐거움과 보람을 저에게 안겨주었습니다. 그리하여 고맙고 감사하였습니다.

저만이 가진 욕심을 하나 더 챙긴다면 동료들과 함께하는 관광이지만 저에게는 특별한 것을 하나 더 가지고 있었습니다. 이것은 저만의 옵션으로 저만의 희망으로 꼭 하고 싶은 4,200m의 칠채산 조망이었습니다. 가장 좋은 시간은 해지기 전에 일몰 때와 해 뜨기 전의 여명 때라고 소개되어 사진에서 본 것으로는 그 시간대에는 산 전체의 모양이 7가지 색으로 채색되어 시루떡이 7가지 떡고물의 색깔로 빚어진 것 같이 변화된다는 것을 직접 조망하는 것이었습니다.

특별한 경우가 없다면 만리장성의 서역 쪽 끝 머리 자위콴을 보는 것과 곁들여 지구의 융성으로 만들어진 칠채산의 7가지 색으로 된 떡 모양으로 된 산을 볼 수 있는 기회가 주어졌으면 하는 바람입니다.

제3부

자! 출발이다

자전거는 정지하면 넘어진다

조심해서 걸어가는 것도 넘어질 수 있듯이
자전거 타는 것도 넘어질 수 있습니다.
걸어가다 넘어졌다고 다시 안 일어날 수 없듯이
자전거도 다시 타고 가야만 했습니다.

걸어 다니는 것도 넘어질 수 있다는 것을 알기까지에는
몇 번 무릎이 까져봐야 알 듯이
자전거도 어디엔가 몇 번 다녀보아야
바퀴가 둥근 원임을 알게 되고
세우면 넘어진다는 것을 알게 됩니다.

지구가 공전과 자전을 하듯이 자전거 바퀴도
계속 굴러가야 넘어지지 않게 되고
지구의 인력(引力)과 같은 당신이 항시 옆에 있음에
둥근 바퀴가 넘어지지 않고 버틸 수 있어
둥글둥글하게 살아가는 모나지 않는
이웃을 만나게 됩니다.

시작점과 끝 지점이 한 원통 속에 있듯이
함께 숨을 고르고 있다는 것을 자랑스럽게 생각하여
오늘도 자전거 바퀴가 사각이 아니고
굴러가는 둥근 원임을 감사하게 됩니다.

달에서 볼 수 있고 인공위성에서 유일하게 식별할 수 있는 지구상의 구조물인 만리장성의 그 일부분이지만(서역편) 십만팔천 리 길(『서유기』에 기록된 길)을 출발에 앞서 우리가 여행을 끝내고 귀소하는 장소인 탱자원에 무사히 도착하기를 마음속에 다짐하면서 힘찬 출발 신호를 울렸습니다.

첫 번째 구간인 칭다오에서 이난까지 도상 거리로는 221.8km, 자전거로 가는 거리가 140km 정도이지만 이 구간은 역사적인 인물이 많이 탄생하였던 곳으로 다 둘러 보려면 계획된 시간을 유효하게 써야 했습니다. 명필가인 왕희지의 고거를 들러보아야 했고『삼국지』에서 도원의 결의를 했다던 복숭아 밭을 기웃거려야 했습니다. "태산이 높다 하되 하늘 아래 뫼이로다"라고 읊었던 양사언의 태산도 넘어야 하였고 취푸에서 공자의 그림자를 밟지는 않는다고 해도 가는 길에 옛 성현의 말씀도 귀 기울여야 했습니다. 이를 다 들러보기 위해서는 2일간의 시간은 서둘러야겠습니다.

자동차를 타고 다닌다든가 걸어서 간다든가 하는 이틀간의 계획된 일정에 5가지 테마의 여행을 한다면 우리같이 한다고 하여도 5~6일은 걸린다고 짐작되었지만 자전거로 하는 여행이기 때문에 가까이 근접할 수 있어 5가지의 테마를 심도 있게 보지는 않았어도 그런 대로 여행자의 눈으로 보는 여행으로 이름을 지을 수 있는 수준의 여행은 할 수 있었습니다. 먹는 것은 길거리에서 지체되는 시간없이 그때그때 적당한 시간에 처리할 수 있어서 많은 도움을 받을 수 있었습니다. 이곳에서도 아침은 거의 길거리에서 간단히 처리하여 이러한 취사 형식이 자전거

만리장성을 넘다

여행하는 사람에게는 시간을 절약하는 데 큰 도움이 되었습니다.

숙박은 야영을 하지 않을 경우 외국인 여행객에게는 빈관(儐館)이 아닌 3성급 이상의 호텔을 의무적으로 사용하게 하여 빈관 요금의 배 이상의 숙박비를 지불하게 해 관광수입을 증대하려 하였으며 호텔이 없을 경우에는 관할 행정기관에 신고를 하고 허가를 받아야 투숙할 수 있는 악법이 있습니다. 내국인을 우선하여 보호한다는 차원에서 한 사람이라도 내국인을 동행할 경우 내국인 이름으로 예약하여야만 이런 문제를 해결할 수 있다는 실정법이 있어 시간과 여행경비를 절약할 수 있었습니다.

탱이 님과 동행함으로써 저렴한 빈관(儐館) 사용에도 특혜를 받을 수 있었고 언어소통도 문제가 없었습니다. 지도상에 표기되지 않는 교통상의 문제도 쉽게 풀어갈 수 있었습니다. 아직까지 도로표시와 지역표시가 미비한 시골 마을을 통과할 때 여러 번에 걸친 난관이 있었습니다. 이런 점은 사전에 면밀하게 검토 대상으로 연구했다고 하지만 불가항력적인 부분이 있어 순간순간을 기지로 해결해야 했습니다. 길을 잘못 들었다가 되돌아나오는 헛길도 있었지만 그 길도 관광하기 위한 길이라고 생각하면 아깝게 생각들지는 않았습니다. 꼭 어디에 몇 시에 통과해야 된다는 노선 버스같은 길도 아니기 때문에 목적지를 향하여 좀 우회하여 가는 길이라고 생각하면 헛된 곳에 시간 낭비한 것은 아깝지 않았지만 힘을 낭비한 것에는 왜 그렇게 인색해지는지 모르겠습니다.

수행차량을 먼저 출발하여 리드하도록 하는 구간과 후미에 뒤따라오면서 지원하는 형태로 운영하는 방법으로 구분하여도 하루 70~80km는 만만치 않았습니다. 자전거 타고 가기에는 힘든 실개천 구간이 이

지역에 많았습니다. 비포장도로는 감당이 되었지만 점토질은 자전거 바퀴가 푹푹 빠지는 곳은 끌고 가기에도 힘든 곳이 여러 곳이 있어 체력을 많이 소모하게 되었습니다. 그때마다 지원 받을 수 없고 동행인들끼리 힘을 합쳐 끌고 당기는 협력이 필수였습니다.

강이라면 물길을 건너면 되었고 산이라면 고개를 넘으면 되었지만 이런 경우 답이 없었습니다. 발이 빠지는 물구덩이는 점토질로 반죽해놓은 갯벌 같은 수렁이었습니다.

팀워크가 필요하다고 하지만 각 개인의 능력이 자기 몫을 다할 수 있을 때나 팀워크를 따질 일이지 나같이 자기 앞가림도 하지 못하는 노쇠한 퇴물은 팀워크에 오히려 방해가 되지 않을까 하는 조심스러운 마음이 앞섭니다.

어떤 어려운 경우에 처해도 적극적으로 몸을 아끼지 않는 동료가 있어 감히 나 같은 퇴물도 버티어 나갈 수 있었습니다. 이러한 방법으로 해서 성공적인 여행을 마쳤다고 했을 때에 자기 몫을 다했다고 했을 경우에 부끄러움 없이 여행을 완수했다고 할 수 있겠지만 동료들의 적극적인 도움에 의하여 주어진 결과라면 부끄럼 없이 자력으로 여행을 하였다고 할 수는 없을 것 같습니다.

제 몫에 주어진 임무에 최선을 다하고자 하였지만 80세라는 절대적인 한계는 피할 수는 없었습니다. 지금도 그때를 상상하면서 이 글을 쓰는데 감히 부끄럽지 않을 만치 자기 몫을 했느냐고 자문해 봤습니다. 그때와 같은 현장이 수없이 많이 앞을 가로막고 있다 하여도 헤쳐나갈 수 있다는 힘의 원천은 자신감이라 하겠습니다. 아직까지는 어려운 자리라고 그 자리에 주저앉는 그런 경우는 없었습니다. 일의 성취 여부를 떠나서 능력을 집중한 결과치에 최선을 다해본다는 것에 만족하게 되는 하루하루가 될 것입니다.

매도 먼저 맞아야 한다고 오늘 최악의 순간을 슬기롭게 헤쳐나온 것이 이 여행의 성공 여부에 바로미터가 되는 것 같습니다. 사람에 따라서 자동차도 이러한 최악의 현장에 10년이 넘은 고물 소나타 차량의 능력을 유감없이 보여준 자동차 성능 시험장 같았습니다.

탑승인원 성인 5명과 그에 따르는 다섯 사람의 캠핑 장비를 탑재하고도 지붕 위에는 5대의 자전거를 올려야 했습니다. 이런 시스템으로 개

발한 것은 자동차 효율을 최대로 발휘할 수 있게끔 필요한 곳에 필요한 물품을 수급할 수 있어야 한다는 자전거 캠핑 달인인 탱이 님의 솜씨였습니다.

지붕 위 자전거 5대의 70kg의 무게와 5명의 체중과 화물을 합친 중량이 1톤이나 되어 바람의 저항과 무게가 차지하는 중량에 운행의 방향성에 대한 안전도를 감안한 시스템 개발은 탁월하다고 탱이를 칭찬하여야 할지 주인을 잘못 만나 짐을 이고 지고 안고 버티어 나가는 차량을 칭찬할지 모르겠습니다. 어쨌든 달래고 구슬러서 대장정의 길을 무사히 견디어 주기를 빌어야겠습니다.

제1장

이난에서 제갈공명을 만나다

팔
순
바
이
크

   오늘 라이딩 경로는 유비, 관우, 장비가 도원의 결의을 한 농장을 지
나왔습니다. 도원결의 했다는 복숭아 밭을 찾아보아도 여기도 저기도
아닌 복숭아 밭이 분별이 되지 않아 며칠 전에 우리가 밤을 보낸 탱자
원(樘自園)과 비슷하였습니다. 명필가 왕희지(王羲之) 고가를 찾았습니
다. 왕의지(王羲之)의 義 자의 음을 '희' 자로 읽음이 옳다는 이야기입니
다. 왕희지는 청나라 시절 건륭 1736년에 태어나서 만 60세에 작고하셨
다 합니다.

   붓글씨의 행서를 왕희지 잡사성 교서, 임서, 해서 붓글씨의 아름다움
과 예술성이 표현되는 글씨를 쓰는 순서를 익혀서 써야 예쁘고 화려한
글자체로 쓸 수 있다고 합니다. 왕희지의 고가에는 묵향이 그윽했습니
다. 입구에 오석으로 된 비석에는 생전에 그가 남긴 글이 쓰여 있는데,
폭이 9m, 높이는 약 2m인 무게만으로도 약 10톤이 넘는 원석이라 하여
관찰하여 보아도 오려서 붙인 자리는 없었습니다.

　너무나 유명한 촉한의 전략가 제갈량은 오늘 도착한 산동성의 이난에서 태어났습니다. 유비가 삼고초려의 예우로 모시고 가서 많은 고난의 전투와 열강의 틈바구니에서 유비를 도와 촉나라를 안정된 반석 위에 올려놓았으며 오나라의 손권과 연합하여 남하하는 조조의 대군을 무찌른 너무나 유명한 적벽대전에서 대파하고 국토를 넓혀 형주와 익주를 점령한 제갈공명의 석상 앞에 섰지만 살아 있는 전략가를 만난 것 같아 이 여행에 무사히 마칠 수 있는 계략을 한 수 전수받고 싶었습니다.

장안에서 합죽선을 들고 여유롭게 앉아 기다리고 있던
쭈꺼량(Zhuge Liang, 諸葛亮)을 만나고

221년 한나라의 멸망을 계기로 유비가 제위에 오르자 승상 녹상서사(錄尙書士)로 임명되어 제갈공명이라는 호로 불렸다고 합니다. 위나라와 싸우기 위하여 출전할 때 후주 유선(유비의 아들)에게 바친 전출사표와 후출사표는 이 글을 읽고 눈물을 흘리지 않으면 충신이 아니라 할 정도로 충정이 가득한 천고의 명문으로 꼽힌다고 합니다.

그때의 영웅호걸이 다 단명했는가 봅니다. 제갈공명도 오장원에서 사마위와 대치 중 병사하였다고 합니다. 181년에 태어나서 234년 8월에 서거하였다면 53세에 별세한 것이 됩니다.

그렇게 충성을 다 바친 촉한도 위나라의 공격에 제갈첨이 맞섰지만 패배하고 그 전투에서 전사하고 수도 성도가 포위되자 유선이 위나라에 항복함으로써(263년) 촉한은 2대 42년 만에 멸망합니다. 장비, 관우, 유비, 제갈공명 등 유명한 인사들이 역사 속의 인물, 『삼국지』라는 이야기 속의 인물로만 기억되어 어느 누가 말씀한 '인걸은 간 데 없다'는 시 구절처럼 허망한 기억 속에만 남겨졌습니다. 앞으로 우리가 여행 중에 겪어야 할 수많은 고초를 피할 묘책을 얻고자 하였으나 합죽선을 들고 저리 물럿거라 하시네요.

제갈량의 군주을 위한 충정과 군사로서의 너그러운 인품에 후세 사람들이 중국 곳곳에 문무사를 지어 충정을 기린다고 합니다. 이곳에도 문무사가 있어 들렀던 길에 한국에서 오신 관광객 몇 분을 만날 수 있었습니다.

4.해를따라서쪽으로가는까닭은 4

　일행이 가족 관계인 것 같습니다. 나와 똑같은 연대의 늙은이를 만났습니다. 집안에 있을 때 어른이지 이곳까지 나와서도 어른 행세를 하려는가 봅니다. 엄숙해야 할 오장원 안에서 일장연설을 하는 것이 좀 지나치다 싶었는데 머리에 먹물은 좀 들어 있어 보였습니다. 속된 말로 공자 앞에 문자 쓰는 격이었습니다. 밖에 나와서까지 훈장 노릇하려고 합니다. 며느리인지 두 분 여성분의 이야기로 교장 선생님이라고 호칭하는 것을 들을 수 있었습니다.

　우리들과 사진은 함께 찍자고 하는지 모르겠습니다.

　어른 노릇을 우리들 앞에서도 하려고 해서 대접한다는 뜻에서 정위치에 모셨습니다. 입이 무거운 만소 님에게도 거시기 하게 보였는지 통성명을 하는 자리에 나이를 밝히게 되었지요. 이야기 중에 나보다 한참 아래인 것으로 알게 되어 꼬리를 내리더군요.

마음 외에는 칼이 없다

중국 오장원에 있는 제갈량 묘 앞의 바위에 새겨진 글귀입니다. 마음을 칼 삼아 지략을 펼쳤던 제갈량을 잘 나타내주는 문구였습니다. 이글을 평생의 지략의 근본으로 삼고 삼국시대를 경영해온 제갈량의 삶의 지표였다고 합니다. 삼국지에서 보여준 지략이 사실 그대로라면 그시대를 통찰하고 사람의 마음을 다스리는 신의 경지와 같은 묘책은 오늘날 살아가는 현대인에게도 귀감이 되겠습니다. 이 문구 중에서, 칼도(刀)를 길 도(道)로 바꾸면 '心外無道', '마음 외에는 길이 없다'라는 뜻이 됩니다. 진심만이 답이라는 뜻인 것 같습니다.

우리가 내일이면 역사의 현장, 적벽대전의 현장에서 그날의 함성을 느껴볼 기회를 가지게 되겠습니다. 그 현장에서 심외무도(心外無刀)의 깊은 지략을 펼치던 의미를 다시 음미하면서 그 장강을 자전거를 타고 건너가게 되었습니다. 중국 역사에서는 221년 위(魏)·촉(蜀)·오(吳)나라 3국이 천하를 나누어 다스린 이른바 삼국시대에 세력 균형을 유지하기보다는 서로 천하를 장악하기 위한 살벌한 싸움을 전개함으로써 또하나의 치열한 전국시대를 겪었습니다. 이로써『삼국지』가 탄생된 것이 아닌가 합니다.

『삼국지』에서 탄생된 영웅들은 조조·유비·손권이었습니다. 중원의 패자가 된 조조는 중국 북부를 완전히 통일하고 천하를 통일하기 위해 대군을 이끌고 남부로 진격했을 때 유비는 그가 삼고지례를 다하여 맞아들인 제갈공명으로부터 큰 도움을 받으며 손권과 손을 잡고 조조의 군대에 대항하게 되었습니다. 여기에서 우리가 쉽게 썼던 삼고초례(三顧招禮)는 삼고지례에서 응용된 말인 것을 알게 되었습니다.

유비·손권 연합군이 양자강의 한 줄기인 장강을 거슬러 서쪽으로 올라가는 중에 적벽에서 조조의 군대와 충돌하게 되었습니다. 중국에서는 본래 남방인들은 배를 잘 다루고 북방인들은 말을 잘 탔으므로, 조조의 군대는 특히 수전(水戰)에 약했습니다.

더구나 이들은 풍토에 익숙하지 않아 지쳐 있었고, 배 멀미 환자들이 많이 나와 배들을 서로서로 쇠고리로 연결해 요동을 적게 하여 배 멀미에 대응하고 휴식을 취하며 대기하고 있었습니다.

그러한 적의 약점을 간파한 연합군은 화공(火攻) 작전을 쓰기로 했습니다. 화공을 하려면 일정한 조건을 갖추어야 하는데, 이것도 제갈공명이 술수를 써서 바람을 불러들여 세찬 강바람에 배가 크게 요동치도록 하여 조조의 군대를 멀미하게 했습니다. 조조의 군대는 우선 요동치는 배를 잠재우고자 배와 배를 연결했고, 이렇게 밀집 상태를 이루고 있던 차에 연합군은 속도가 빠른 몇 척의 배를 골라 장작과 마른 풀을 잔뜩

팔순바이크

신고 기름을 부은 다음 겉은 포장으로 덮고 흰 깃발을 올려 마치 항복하겠다는 듯이 서서히 접근했습니다. 바람은 동남풍이었습니다.

이러한 모습을 보고 조조와 그의 장수들은 방심한 채 손권과 유비군이 항복하는 것인 줄 알고 환호하기만 했습니다. 약 1km 가까이 이르렀을 때 유비군의 인솔자의 신호로 배에 불을 붙여 재빨리 돌진시키자, 조조군의 배들은 불타오르는 배의 습격을 받아 삽시에 불길 속으로 묻혀버렸을 뿐만 아니라 강가의 진영까지 불바다가 되고 말았습니다. 무수한 인마가 불에 타고 물에 빠지고, 그와 때를 맞추어 연합군은 일제히 공격하여 조조군을 격멸했습니다. 조조는 간신히 패잔병을 이끌고 북쪽을 향해 육로로 패주했습니다.

이렇게 하여 연합군은 조조의 남방 제패의 야심을 분쇄했으며, 이 싸움을 계기로 조조의 세력은 위축되고 유비와 손권의 세력이 확장되었습니다. 결국 3자는 천하를 삼분하여 조조의 위나라, 유비의 촉나라, 손권의 오나라가 문자 그대로 삼국시대를 열게 되었습니다.

삼국시대로부터 오늘날의 열강시대까지의 중국 역사는 국토를 넓혀가는 아이들 땅 따먹기 놀음처럼 국토를 넓혀가는 전쟁사처럼 보였습니다. 그런 관점에서 보면 우리들의 여행의 본질은 만리장성의 시작점(산해관)부터 끝 지점(좌이칸)까지 장성을 완주한다는 목적이 전쟁의 방어선과 공격선을 함께 관찰한다는 것으로 되어버려 고대 중국의 전쟁사를 들러보는 것이 되어 살육의 현장을 보게 되었습니다.

오늘날의 중국의 서남아 공정이나 동북아 공정은 이런 맥락에서 보면 어떤 명분과 아름다운 수식어로 변명한다 하여도 그때 그 시절의 연장선상의 정책이라고 봐줄 수밖에 없어 보여집니다.

제2장

적벽대전(赤壁大戰)의 현장

『삼국지』의 그 유명한 적벽대전 현장에 가서 보았습니다. 그들은 배를
타고 혹은 말을 타고 왔다고 하지만 우리들은 자전거를 타고 왔습니다.
소설 속에 풍자한 것처럼 그렇게 힘든 코스가 아니었습니다.

연합군(오, 초)에게 수군을 미끼로 한 육지전을 감행한 조조였으나 이
를 미리 간파한 제갈량과 주유는 연합하여 조조를 강가로 유인하여 적
벽에서 크게 승리하게 됩니다. 하지만 80만 대군을 가진 조조는 패배를
기회 삼아 군사의 사기를 올리게 됩니다.

조조는 패했으면서도 사기를 올리려고 마련한 자리에서 모두 열심히
훌륭했다고 칭찬을 하면서 동오를 점령하게 되면 모두에게 3년간 면세
의 혜택을 주겠다고 하고 용기를 북돋았지만 조조의 진영에는 결정적
인 약점이 있었습니다. 코로나 바이러스보다 더 강력한 전염병으로 수
백 명이 죽었던 것입니다. 그 시체를 화장해야 감염을 막을 수 있는데,

조조는 이를 뗏목에 태워 연합군 쪽으로 흘려보냈습니다. 이러한 전략은 요즘 작전으로는 세균전으로 그때에도 이런 전술을 썼는가 봅니다. 한편 제갈량은 이들이 질병으로 죽은 자들임을 알고 근접하지 못하게 하려 죽은 자들의 물품을 챙기는 백성들을 성급히 막아보았지만 이미 전염되어 크게 확산되었고 조조군보다 병사들의 수가 부족한 연합군은 큰 위기를 맞이하게 됩니다.

이로 인해 연합군의 동맹은 깨지게 되었습니다. 유비 군은 후퇴하여 퇴각하게 되어 3만의 군사로 80만의 군사를 막게 된 오나라와 제갈량은 군사의 숫자에도 승산이 없을 뿐만 아니라 화살도 부족하다는 말에 제갈량이 "화살은 제가 책임지고 충당하겠다"고 했습니다. 십만 개가 필요하다는 말에 제갈량의 지략으로 군대는 볏집으로 특수 제작한 배 20척과 소수의 병사를 이끌고 안개가 자욱한 날, 조조의 진영으로 향했습니다.

조조 진영에서는 연합군의 안개를 틈탄 기습적인 침략인 줄 알고 전사수가 배에 실린 짚단으로 화살을 퍼부었습니다. 그리하여 그 배들은 볏집에 박힌 화살을 고스란히 충분한 양으로 싣고 올 수 있었습니다.

적벽대전의 현장

　제갈공명의 신출귀몰한 전술과 전략으로 적벽대전에서 일어났던 전투는 『삼국지』 큰 대목에서 흥미롭게 상세히 기록되어 『삼국지』의 주요 읽을 거리를 제공한 현장을 자전거를 타고 다니면서 답습해보고자 적벽대전의 전쟁터였던 전 지역을 들춰보았습니다. 삼국(위·촉·오)이 태동되기까지의 경위와 그 현장에서 활약했던 인물들의 발자취를 들춰본다는 뜻에서 이곳에 섰던 것입니다.

　제갈공명이 수전에 약한 조조의 대군을 적벽에 몰아넣어 화공으로써 격멸하였다는 전승지인 강가에도 가보았고 팔십만 대군을 패퇴시켰다는 적벽의 골짜기도 가보았습니다. 신출귀몰한 술수를 써서 바람을 불러왔다는 것을 해석해보자면, 그때 일기예보는 없었지만 계절풍은 있었던 것 같습니다. 그 계절풍을 이용하여 송풍기와 같은 루머를 퍼뜨려 심리전도 이용한 것 같고 크고 작은 일에 반드시 여자의 역할이 있듯이 주유의 부인 소교의 역할도 있었습니다. 소설 속에 흥미와 읽을거리를 제공한다고 배신과 음모가 난무하는 가운데 목숨을 건 우정도 있었

고 만고의 충성과 덕장으로 유명한 관우와 돈키호테와 같은 용장인 장비의 이야기가 있어 이 세상을 살아가는 데 우정과 신의가 인간이 살아가는 역경에 꼭 필요하다는 것을 알려주었습니다. 소설 속에 『삼국지』는 흥미를 유발하기 위해 인물 구성이나 편성은 소설 특유의 구성요소라고 생각이 들지만 움직일 수 없는 것은 이야기가 전개되는 소설 속의 배경이 되었던 장소라 하겠습니다.

적벽대전이 일어났다는 강의 강폭이 가장 넓은 곳을 이쪽과 저쪽을 건너가는 강폭에 자전거로는 2분에서 3분이면 건너갈 수 있었고 수천대의 전함의 선단을 투입하였다는 곳은 보트 놀이하는 배를 띄워도 몇백 채도 띄울 수 없는 강폭이었습니다. 오나라와 촉나라의 군대를 제외하더라도 조조 군사가 80만을 투입하였다는 현장은 장작개비를 새워도 몇만 개밖에 세울 수 없는 장소였습니다. 소설 속 배경이라고 하지만 어느 정도 상상이 가능한 장소였으면 실망이 덜하리라 생각합니다.

『삼국지』의 적벽대전의 대목은 상상 속에만 묻어두었으면 이 여행이 주는 실망감은 다른 것에도 전가되어 다른 것에도 실망감을 안 가지게 되지 않았을까 생각합니다.

적벽대전의 현장

『삼국지』에서 가장 흥미로웠던 전쟁터를 찾아보고 실망하였습니다. 소설 속의 이야기라 하지만 정말 소설다웠습니다. 이런 수역으로 수백 척의 함선과 양 진영의 출동한 군사만 팔십만 명이 되었다고 하는데 이것도 제갈량의 묘수였을까 반신반의하게 됩니다.

그 현장에 방문하였을 때 교량의 공사를 하고 있었습니다. 입지로 선택된 곳은 공사 위치상 가장 강폭이 좁은 곳을 선택하였다 하여도 실제 적벽대전이 벌어진 츠비(赤壁: 적벽), 위와 같은 사진만 보고는 나와 같은 생각을 하리라 봅니다. 80만 대군이 연환계로 배를 묶어놓고 싸운 게 소설다운 이야기였습니다. 이곳의 원래 명칭은 푸이(蒲圻: 포기)였으나, 1998년, 도시 이름을 츠비로 변경했습니다. 사실 양쯔강의 수역이 계속 변화한지라 지금의 츠비가 정말 그때의 전쟁터인지도 잘 모릅니다. 참고로 저 사진에 붉은 글씨로 쓰여진 '적벽'이란 글자는 적벽 대전의 승리 이후 주유가 크게 기뻐하며 손수 쓴 글씨라고는 하는데 진실은 믿거나 말거나였습니다.

그 전장의 현장이 정확한지는 모르지만 문헌이나 지도를 참조한 바에 의하면 양쯔강의 지류인 장강이 맞다면 소설 속의 이야기가 정말 지나치게 소설 같았습니다. 다리의 길이가 표기상으로는 124m인데 위치로 보면 강과 강 사이의 강폭이 가장 가까운 데 건설되었다 하여도 이 강폭에 수백 척의 함선이 전투 시 강 위에 있었다면 물리적으로 이해가 되지 않았습니다. 양 진영의 출병한 병사의 숫자가 백만 명이 넘었다면 온 강과 협곡에 진을 몇 겹으로 표진한다 하여도 그 병력을 투입할 수 있는 장소가 못 되었다는 것입니다.

그때나 지금이나 중국 사람들은 인해전술이 특징이니까 여행자 입장에서 시비를 가릴 가치가 없다고 생각해서 이쯤에서 접어두고 양자강이든 황하든 어느 강이나 만리장성의 품 안에 있는 것이라 생각하면 될 것을 자전거 타고 다니는 여행자가 시비 가릴 일이 아니라고 봅니다.

역사적인 참상이 있었다는 적벽 밑에 흐르는 강물이 황토색입니다. 보통 강물이란 투명한 맑은 물로 인식하는데 아침 햇살에 비친 이곳의 물 색깔은 마음조차 어둡게 하였습니다.

우리들은 장강을 가로질러 건설된 대교 위를 자전거를 타고 건너가게 되었습니다. 이날의 날씨는 10월 중순이지만 아침 저녁으로 제법 쌀쌀하였습니다. 더군나 한밤의 날씨는 기온의 차이가 있어 야영하기에는 남쪽 지방에서 온 우리들에게는 보온이 필수였습니다. 지금 생각해보면 고비사막의 청해호에서 지난 며칠간의 야영은 일상적인 가벼운 차림으로 온 저에게는 초겨울의 추위가 견디기 힘들었지만 특별하게 탱이 님의 건강을 걱정하여야 할 제 입장으로 보면 자전거 여행이라지만 야영은 절대 무리였습니다.

오늘의 일정은 장강의 적벽대전의 전쟁터를 지나 고비사막의 입구까지 왔으니 이제부터는 잠자리를 찾을 수 있는 장소까지는 안전한 여행에 신경을 써야 했습니다. 탱이 님은 자기가 편해서 승용차 안에서 잠

잔다고 하지만 좁은 승용차 안이 편할리야 없지요. 그렇지만 다른 방법이 있는 것도 아니고 선택의 여지없이 좁은 차 안에서 밤을 보내는 것이 안타깝습니다. 이런 마음은 저 혼자 가진 것이라 어느 누구에게 하소연도 할 수 없는 형편이었습니다. 장본인이야 이미 각오한 일이라 하겠지만 동행인들은 그런 사정을 알 리 없으니 누구에게 의논도 할 수 없는 저 혼자만이 가지는 속앓이였습니다.

　허약한 체질에 감기라도 걸리면 여행을 하고 못 하고가 문제가 아니고 6개월이라는 한시적인 생존 기간도 장담할 수 있는 처지가 아니었기 때문입니다. 절대절명의 생명이 걸린 문제가 걸린 상황이 매일매일 매시마다 제 눈앞에서 이루어지고 있었습니다. 초인적이고 전능하신 어떤 힘이 매일 매시마다 그것을 극복해나갈 수 있게 탱이 님을 지켜주고 있었습니다.

　오늘 적벽대전을 지나면서 찍은 동영상을 "고비사막의 달맞이"라는 제목으로 링크하였습니다. (https://youtu.be/qfPKnNp38Dw)

허저에서 카이펑을 경유 숭산의 떵펑까지 노선도 275km

　오늘 일정은 역사 탐방에 효율적으로 사용할 수 있는 자전거를 타고 일찌감치 길거리에 나섰습니다. 아침 식사는 적당히 처리하고 카이펑에 들러 송대의 정치가로 잘 알려진 포청천을 보러 들러보기로 했습니다. 포청천은 지방관으로 있을 때 부당한 조세로 시달리는 백성들을 보호하고 부패한 정치가를 엄정하게 처벌하여 명판관이란 이름으로 청백리의 표상으로 알려져 죽은 뒤에 예부상서(禮部尙書)에 추존된 인물이었다고 합니다. 저서로 『포증집(包拯集)』과 『포효숙공주상의(包孝肅公奏商議)』를 남긴 포청천(包靑天)을 모셔놓은 포공사(包公祠)를 찾아봤습니다.

勇, 仁, 義, 忠. "사나이는 용감하여야 하고, 선비는 자고로 인자하여야 하며, 영웅은 무릇 의로워야 한다. 그러나 부정한 임금에게는 충성할 필요까지는 없다"고 하였습니다.

살아 있을 때는 의리의 사나이로 알려졌으나 장수답게 전장에서 죽지 못하고 모리배들의 농간에 말려 죽었다 하여 그의 죽음을 애통해합니다. 치욕스럽게도 목이 잘려 소금에 절여져 위나라 차오차오[曹操]에게 보내졌지만 이듬해 정월에 왕의 예를 갖추어 무덤을 만들어 고도 뤄양에 그의 머리를 무덤으로 모셨다고 합니다.

오히려 죽은 뒤에는 세상에 널리 알려지게 되어 신으로 받들어졌습니다. 『삼국지』의 주인공 관우 장군은 후(侯)로 봉해져서 왕(王)이 되더니 이내 제(帝)가 되고 무성(武聖)으로 일컬어져 백성들은 집 안에 그의 형상을 모셔놓고 조석으로 향을 사르고 무릎 꿇고 엎드려 머리를 조아리며 복을 빌었습니다. 이렇게 신격화되어 사해 각지에서 그를 숭배하는 사람들이 몰려들어 제를 올리게 되어, 그를 기리는 묘가 동서남북 사해 각지 수십여 곳에 이릅니다. 그 중심, 뤄양에 있는 묘의 건물은 1천여 평이나 되고 어느 시대 것인지 모르지만 그림도 50여 점이 전해져 오며 조각품도 2백여 개나 됩니다. 이미 오래된 묘와 제례는 오늘날 고대 경전이 되었으며 국가 중점 문물 AAAA급으로 국내외에서 관우를 참배하러 오는 성역이 되었다고 하여 우리들도 용문석굴 가는 길에 그를 추앙하는 사당에 들러보았습니다.

이러한 사당은 우리들이 가는 곳곳에 관묘가 있는 것을 볼 수 있었으며 쉬창[許昌] 관묘에는 많은 역사적인 유물들이 전시되어 있었습니다. 특히 『삼국지』에 나오는 관우가 참전했던 격전지에는 그의 사당이 규모 면에는 훌륭하게 장치되어 쓰촨의 청두[成都]나, 후베이의 츠삐[赤壁]에는 그림이나 조각 등으로 삼국지 테마 공원이 조성되어 여러가지 장면을 꾸며놓아 중화 인민들의 정신적인 지주로 추앙하여 국민적인 사상의 모태가 되도록 노력한 것같이 보였으나 오늘날의 중화인의 그런 정신은 어디에서 찾아봐야 할지 모르겠습니다.

짚어보자면 『삼국지』(삼국연의, 三國演義)에서 익덕(翼德) 장비, 자룡(子龍) 조운, 맹기(孟起) 마초, 한승(漢升) 황충과 함께 오호상장(五虎上將)으로 꼽는 관우를 '관운장'으로 높여 부르는 것에 반하여, 현지인들은 관왕(關王)이라고 불러 왕이라고 높여 부르는 것도 모자라 관성대제(關聖大帝)로도 부족하여 신으로 추앙하여 많은 이들이 그 상(像)을 모셔놓고, 그 앞에 아침저녁으로 향을 사르고 고개 숙여 소원(재물)을 비

는 것을 볼 수 있습니다.

　민초들에게는 이념이나 사상 이전에 먹고사는 것이 중요하여 아생연후(我生然後)가 종교 이전의 문제로 관우상 앞에 경배드리는 사상은 재운을 비는 것입니다. 이것이 특별한 것처럼 보여져 가정에서는 불상(佛敎)과 공자(儒敎) 이전에 관우상이 많이 모셔져 있었습니다. 중국 사람들을 폄하해서 부르는 말로 '땐놈들'이 있는데, 이런 아생연후 사상에서 기인된 것이 아닌가 생각이 들어 그 사상과 무관하지 않다고 보입니다.

제3장

곡부의 공자님의 발자취를 찾아보다

　오늘 공자의 고향인 곡부에 도착하였습니다. 이곳이 과거 춘추전국 시대 노나라의 영역이었다고 합니다. 가는 길에 그동안 말썽 한 번 안 부리고 이제까지 고분고분 말을 잘 듣고 여기까지 잘 온 자전거가 무엇이 못마땅하였는지 투정을 부렸습니다. 힘들고 지겨울 때는 자전거라도 쉬어 가자고 먼저 말썽 부렸으면 할 때도 있었지만 오늘은 출발한 지한 시간도 되지 않았는데 펑크로 신호를 주네요. 성지를 찾아가는 길에 몸과 마음을 가늠을 하고 가라는 뜻으로 받아들여 한참 의견을 나누었습니다.

　곡부 일대에는 공자와 연관 있는 문화유산이 산재하고 있어 자전거로 다 돌려봐도 시간을 예측하기 어려워 우선 가까운 사당과 공묘만 들러보기로 하였습니다. 공묘는 공자를 모시는 사당으로 공자 사후 1년 동안 이 지역의 제후국인 노나라의 애공이 세운 것이라 합니다. 공림은 원래 지성림이라 불렸으며 공자와 그 가족의 무덤입니다. 이 무덤은 세

계에서 가장 크고, 가장 길며, 가장 완전하게 보존된 가족묘이며 인공 공원이었습니다.

공부는 '성부'라고도 불리지기도 하며, 공자의 오른쪽에 위치하고 있습니다. 공부는 공자의 직계 장자와 장손이 살던 사유 토지로, 중국 역사상 가장 유구하고 보존이 완전한 귀족 저택입니다. 곡부의 공자 유적지는 문화대혁명의 영향으로 일부 파괴되었지만 완전히 수리되지 못한 채로 지금도 그대로 남아 있습니다. 공자의 발자취는 '공묘(孔廟), 공림(孔林), 공부(孔府)' 이렇게 세 곳으로 나뉘어져 있었습니다. 공묘는 공자의 사당이고, 공림은 공자의 무덤과 또 그 후손들의 무덤이 있는 숲이며, 공부는 공자와 그 후손들의 옛 터전이라 합니다.

2천 5백년 전, 공자님이 어지러운 세상을 바로 구하고자 그의 제자들과 열국행을 하였던 모습의 조각상입니다. 공자님은 그의 제자 자로(子路)가 조상의 영혼과 귀신을 섬기는 법을 묻자 "아직 능히 사람도 섬기지 못하는데 어찌 귀신을 섬기겠느냐!"고 답을 했고, 죽음에 대해 묻자 "아직 삶을 알지 못하는데, 어찌 죽음을 알겠느냐!"라 답했습니다. 공자는 사후의 삶 같이 알 수 없는 것에 대해서는 접어두고, 현재의 삶의 경험에 충실하여 그 뜻을 밝히고자 했습니다. 또한 조상 이외의 다른 (귀)신에 제사 지내는 것을 꾸짖었으며, "귀신을 공경은 하되 가까이 하지는 말라" 했고 괴력난신(怪力亂神), 즉 합리적으로 설명하기 어려운 불가사의한 존재나 현상에 대해서는 말하려 하지 않았다고 합니다.

유교의 본질은 인(仁)과 의(義)를 바탕으로 한 인간 중심의 도(道)라 알고 있습니다. 저의 고향인 안동은 선대인 퇴계 이황 선생의 도량인 도산서원이 있어 전교당(典敎堂) 가르침을 어렴풋이나마 그 뜻을 예감하고 있었습니다. 이곳에 와서 그 뜻을 마음으로 담고 가지는 못하지만 눈으로만이라도 보고 갈 수 있기를 희망하였습니다.

앞의 사진으로 본 조각상의 열국행에 수행한 14년간의 3,000명의 제자 가운데 특별한 두 제자는 성품과 개성도 제각각이었습니다. 공자는 이들을 각자에 맞는 교육법으로 대했습니다. 현실적인 염유에겐 너무 이상적이라고 염려하였고, 우직한 자로(子路)와는 결이 잘 맞을 수 있다고 평하였지만 곱게 죽지는 않을 것이라고 염려하였다고 합니다. 두 제자 중에 한 사람을 저에게 택하라면 저는 자로(子路)를 택할 것 같았습니다.

인(仁)이란 어질다는 뜻으로, 공자가 선(善)의 근원이자 행(行)의 기본이라고 강조한 유교용어에 따르면, 인(仁)을 파자해서 보면 '인(人)'과 '이(二)'의 두 글자가 합해서 된 것이며, '친(親)하다'는 뜻으로 알고 있습니다. 그런데 공자가 인을 실천 윤리의 기본 이념으로 삼으면서부터 그 의미는 일체의 덕목을 포괄하는 광의의 개념을 갖게 되었다고 합니다. 공자는 인을 설명할 때에 어떻게 하는 것이 인(仁)하는 것이라고 그 방법론을 주로 했을 뿐, '인이란 무엇이다'라고 구체적으로 언급하지는 않았다 합니다. 그 때문에 후세 학자들이 공자의 인(仁) 사상을 이해하는 데에서 견해의 차이가 나타나게 되어 이러한 점이 우리나라에도 영향을 미치게 되었습니다. 퇴계 이황 선생을 중심으로 기대성과 율곡 선생과의 견해의 차이가 있어 서로 다른 학파가 분리되어 사상을 통일되지 못함에 생길 수 있는 갈등을 해소하고자 하였습니다.

퇴계 선생이 이런 점을 정리하여 인을 '어질다'고 하는데, 어질다는 '얼이 짙다'에서 온 말로서 심성의 착함, 행위의 아름다움을 뜻합니다. 어질다의 이론적 근거는 주자의 〈인설 仁說〉에 두고 있다고 하여 이황 (李滉)이 주희의 인설을 『성학십도 聖學十圖』에 수록한 이후로 학자들 사이에 인(仁)에 대한 이론은 없게 되었다고 합니다.

팔
순
바
이
크

그런데 인을 구성하는 여러 덕목 중에서 핵심은 사랑이라 합니다. 사랑이 부모에게 미치면 효가 되고, 형제에게 미치면 우(友)가 되며, 남의 부모에게 미치면 제가 되고, 나라에 미치면 충이 됩니다. 그리하여 사랑이 또 자녀에게 이르면 자(慈), 남의 자녀에 이르면 관이 되고, 나아가 백성에까지 이르게 되면 혜가 된다고 생각합니다.

인을 실천 면에서 살펴보면, 공자는 남을 사랑하는 것을 인(仁) 실천의 기점으로 삼고, 백성에게 널리 베풀어서 중생을 구제하는 것을 인 실천의 종점으로 보았다고 합니다.

　이 인(仁)은 불교의 자비나 기독교의 박애와 다를 바가 없겠지만, 그 실천 방법상에 현저한 차이점을 나타내고 있습니다. 다만 인(仁)을 실천하는 것은 사람으로서 당연히 해야 할 도덕적 의무인 동시에 누구나 할 수 있는 가능한 심성인 것으로 알게 될 것 같습니다.

　공자는 사람을 사랑하는 것이 인이라고 했지만, 한편으로는 오직 인자(仁者)라야만 사람을 좋아할 줄 알고 사람을 미워할 줄도 안다고 하였습니다. 인(仁)하다는 것은 무차별 사랑이 아니라 차별적 사랑으로, 착한 사람은 사랑하고 악한 사람은 미워하는 것이 인(仁)의 참사랑이라고 생각합니다. 여기에서 탱이 님과의 관계를 정리하여 무거웠던 짐을 다소 털어놓을 계기가 생겨 마음에 편한 쪽을 가지게 되어 이제까지 지니고 왔던 업(業)을 다소 덜어놓을 수 있었습니다.

처음 시작할 때부터 인(仁)과 의(義)라는 거창한 무거운 짐에 의미를 두지않고 오직 탱이 님과 나 단 두 사람만의 관계는 만리장성의 끝자락을 본다는 성(成)이라는 맹목적인 인간의 욕구에만 의존하였습니다. 만리장성의 끝자락인 자위콴에 발자취를 남긴다는 뜻이 성(成)이라고 하면 뜻도 의미도 모르는 인(仁)과 의(義)를 들러리로 하고 최종지에 이른다는 성(成)이라는 목적 하나만이라도 성실하게 가지기에 벅찬 짐이 되었습니다.

근간에 탱이 님의 몸의 상태를 보면 병원에 진단을 인용한다면 오늘날까지 이렇게 무사하게 다닐 수 있었다는 것은 오진(誤診)일 수 있다는 희망이었습니다. 지금까지 탱이 님과 함께 지나온 시간으로 보면 출발할 때보다 더 왕성한 의욕으로 여행에 임하게 되어 감사하였으며 오늘의 탱이 님은 처음에 옆에서 보았던 탱이 님이 아니고 자위콴에 가는 동료 라이더로 보여지기 시작하였습니다. 탱이 님의 컨디션이 좋아지는 만큼 제가 가지는 마음의 짐도 가볍게 됨으로 동료들을 바라보는 눈도 편안하여지니 이 여행에 좋은 점만 보이는 것이 아니고 이제부터 부족한 것도 보이기 시작하였습니다.

우리 일행들도 사랑입니다. 인(仁)입니다. 이런 관점에서 이 여행에 참가한 것이 아니었고 손오공이 갔다는 『서유기』의 여정으로 봐서 고비사막과 함께 있는 청해를 경험하고 만리정성의 서쪽의 끝부분인 자위콴을 확인하기 위해서 여행 자체만을 위해서 참가하게 되었습니다.

그러한 가운데서도 하루하루 진행에서 오는 성취감은 저에게 한 겹한 겹 축적되어, 그 보람이 우리 일행들과는 의미가 남다르게 이루어짐에 모든 순간순간들이 또 다른 의미로 다가와 감사를 드리게 됨에 가슴 벅찬 일이었습니다.

우리 일행은 선(善)이란 것을 알고 실천하는 것보다 모르는 상태의 일상생활에서 기본적인 심덕에서 실천으로 얻어지는 선(善)한 행동은 어떤 의미로 더 값진 행동이라 하겠습니다. 그러한 것을 지금은 나 혼자만이 알고 실행하는 것이지만 무사한 여행을 끝내고 귀국한 후에 시사회 때나 그 훗날이라도 그간에 탱이 님의 신변에 관한 병력에 경위가 있었다는 것을 우리 동료들이 모르고 지내온 결과치에 함께 이룬 성(成)이 선(善)이 되었다고 하겠습니다. 만약에 원만한 성과를 이루지 못하였다 하여도 악의로 출발된 것이 아니었기에 충분한 이해가 있을 것으로 알고 오늘의 가슴 벅찬 하루의 일과가 더 소중함에 감사에 감사를 드리게 됩니다. 처음에는 마음의 무거운 짐으로 시작되었지만 이제 탱이 님의 신상을 볼 때 그 감사함이 또 다른 의미를 잉태하는 것 같습니다.

여행의 발자취가 하루하루가 지나가는 것이 한층 가벼울 때면 언젠가는 이 업보를 벗을 날이 다가오는 소중함이 즐거움이 배가 되어, 누구에게나 소중한 하루겠지만 저에게는 다 크나큰 다른 의미로 다가오는 날이 되어 감사에 감사를 드리는 오늘이었습니다.

만리장성을 넘다

제4장

노병은 결코 죽지 않는다

아래 글은 탱이 님이 여행을 다녀온 후 우리 네 사람에게 격려하는 마음에서 쓴, 네이버 카페 "자전거로 여행하는 사람들" 게시판에 탱이의 여행세계에 기록된 것에서 발췌한 글입니다.

네 분의 라오따꺼(老大哥)! 최다는 일흔여섯이요! 고르게 나누면 예순여덟! 막내가 예순둘! 결코! 맥아더만 노병이 아니라 자전거 타는 라오따꺼 님도 노병이었습니다.

밥 한 그릇을 뚝딱. 술 한 병도 거뜬. 네 분이 모두 다 한결같이 술이면 술. 밥이면 밥. 자전거면 자전거… 어느 것 하나 빠지시질 않으셨습니다!

고른 발질로 힘든 오르막도 빠르게 내달아 어느 길도 전혀 거침이 없으시었습니다. 세찬 맞바람을 가름도 거뜬하게 박차고 나감이 쏜살과 같으시고 젊은이 못지않게 번개와 같으시었습니다. 평지에서 내달음은 마치 스케이트 선수가 얼음판 미끄러지듯 하였습니다.

　언덕을 차고 오름에도 조금의 차이도 없이 물찬 제비와 다름이 없으시었습니다. 어디 그뿐인가. 힘들다며 매일 아침 어느 날도 기상 한 번 늦음이 없으시고 나이 많다고 뒤로 빼며 열외 한 번 없으십니다. 누가 늙은이라 냄새 난다며 떼어 놓으려고 하지는 못할 것 같습니다.

　오십지천(知天)으로 하늘의 뜻을 알고 육십 이순(耳順)이라 듣고 풍부한 경험과 깊은 사려로 귀여운 막내의 한마디를 빨리 척척 알아 들으시네! 그래서 라오따꺼님들과 해를 따라 서역으로 가는 길이 웃음이 그치질 않습니다. 과연! 그만큼 많은 춘추를 보내고도 그 못지않게 뉘하리오. 어이 거친 고비를 달릴 수 있을까!

　오늘도… 어느 하루와 같은 날이지만, 떠난 지 보름이 넘어 피로가 쌓였을 터인데 누구 하나 피로한 기색이 없어 보였습니다. 티베트로 빨리

넘어가고 싶은 탱이와는 다르게 자전거를 타고 싶어하는 라오따꺼님들. 아침부터 자전거를 쓰다듬으며 점검하고 전장터에 나가는 병사처럼 병기를 갖추듯이 임전퇴세의 자세였습니다.

텐수웨이에 닿으니 고도가 높아진 만큼 싸늘함이 몸을 감싸옴에도 아랑곳 하지 않으시고 누가 먼저 출발할까 봐 서두르시는 모습이 어린아이들 놀이터에 놓여 있는 것 같이 보여 탱이에게도 그 운기가 전이될 것 같습니다.

평균 연령이 육십팔 세로 사천이백구십이년 생인 탱이보다 십 년 이상인데, 아마도 십 년이 지나면 그렇게 페달을 돌리지 못할 것이라고 판단됩니다. 더구나 지난 해 배를 열고 난 뒤에 아직도 낑낑대는 저질 체력이라서 언제 회복될지 알 수가 없으므로 몹시 부럽다는 말씀밖에 할 수 없습니다. 과연 이십 년 뒤에 삼십 년 전에 돌아간 내 큰 형님보다 겨우 한 살 차이나는 라오따꺼와 같이 티베트고원에 오를 수가 있을까! 언감생심! 기어서는 가능할 것이다!

라오따꺼님들…! 그 기력 오래도록 유지하며 지구촌을 누리소서.

출처 : 네이버 카페 〈탱이의 자전거 여행원〉

황하 첫 번째 철교인 중산 철교

하늘이 내린 물결 황하를 오늘 만났습니다. 세계 4대 문명의 발상지를 쉽게 보여주지 않으려는 듯이 여기를 찾아 오기까지는 많은 난관을 겪어야 했지만 간밤의 시련은 중국 여행에서 겪어야 하는 대표적인 것이라 여기 옮겨놓습니다. 중국의 여행은 중국 여행사와 협업이 되지 않으면 숙박 관계가 어려움이 있다는 이야기를 들어서 알고는 있었지만 동행인 중에 중국의 내국인이 있으면 방을 쉽게 얻을 수 있는 것으로 알고 있었지만 경우에 따라서 법이란 형편에 따라서 법 적용이 달라질 수 있다고 하지만 특히 중국인들이 한국인들에게 대하는 시야는 일반 외국인들에게 대하는 것과 달랐습니다.

오늘은 이런 경우가 생길 것이라 짐작하고 이른 시간이지만 먼저 방을 구해놓아야 안심이 될 것 같아 오면서 두 곳이나 찾아봤으나 공안실에 허가 사인을 받아야 된다는 말에 그냥 지나치고 왔으나 이제는 더 지체할 시간도 없어 들렀던 곳은 공안원이 나와 신원조회를 한다고 여권을 챙겨가서 한 시간 넘게 발이 묶여 가도 오도 못 하게 되었습니다.

신원은 이상 없으나 3성급 호텔에 숙박하여야 한다면서 이곳 빈관에서는 불가하다고 하여 3성급 호텔로 가라는 어이없는 이야기에 황당하였습니다. 몇 년 전에 동유럽 여행 시 이와 비슷한 경험이 있었습니다. 그때에도 밤 10시 넘긴 시간에 경찰에 심문을 받게 되어 여기는 불법 야영장이니 허가된 야영장으로 옮겨줄 것을 요구할 것으로 예측하고 무조건 허가된 야영장으로의 안내를 부탁하면서 순찰차에 탔습니다. 그때 순찰 경찰은 차에 타고 있는 저에게 내릴 것을 요구하였으나 이 밤중에 야영장을 몰라서 못 가는 것이니 안내를 부탁하였고 안내하지 않으면 차에서 내릴 수 없다고 하였더니 차에서 내려만 달라는 것으로 합의한 적이 있었습니다.

이곳에서도 우선 동료들을 안심시키고 제 식으로 풀어가는 작전에 들

만리장성을 넘다

어갔습니다. 당신들이 신원조회한다고 시간을 한 시간이나 지체시킨 동안에 어두워서 자전거를 탈 수 없으니 공안원 말대로 3성급 호텔로 가고 싶으나 어두워서 못 가니 안내를 부탁한다고 하고 아주 그 자리에 주저 앉았습니다. 동행인에게 제가 처리할 것이라며 최악의 경우 이곳에서 밤 새울 기세를 보였습니다. 그때부터 공안원이 바빠졌습니다. 대안은 불법이라던 빈관으로 낙착되었던 것으로 봐서 이곳이나 유럽이나 인지상정인 것 같습니다. 중국의 숙박 업소는 꼭 야진(押金)이라는 보증금을 걸어야 하고 야진으로 챙겨놓은 돈을 빼내기는 무척 어렵다고 합니다. (*야진이란 일종의 보증금으로 숙박비는 선금으로 받았으나 여관 사용상에 접시나 담뱃불에 훼손이 있을 시 내는 범칙금의 일종)

이는 거의 공식적인 일로 규정되어 있어 어떤 이유를 대서도 그 돈은 돌려주지 않으려고 왕 서방들은 발버둥을 치지만 우리가 누굽니까?!! 체크아웃 시간에 아주 짐을 풀고 야진 줄 때까지 이곳 편한 곳에서 하루 더 지낼 수 있다는 자세로 나오면 바쁠 것도 없는 여행객이라 알고 꼬리를 내립니다. 이제까지 숙박비 야진(押金)은 단 한 푼도 떼인 적이 없었습니다.

여행에 관하여 중요한 팁(Tip)을 알린다면 지구상에 어느 나라에도 공통된 건축법이 있는 것을 알고 여행 시 이를 십분 활용하면 유익한 점이 되리라 생각해서 이용하시기 바랍니다. 우리나라에서도 우사나 낙농기계 넣는 창고에서도 지붕이 있으면 반드시 허가를 득하여야 함은 건축법상 집으로 인정되기 때문입니다. 별도로 지붕이 없다면 불법 건축물로 보지 않아 법의 저촉을 피할 수 있습니다.

야외에서 텐트를 칠 경우에 폴대로 멋진 텐트를 설치하면 불법 건축물로 인정되기 때문에 폴대를 설치하지 않고 플라이만 덮고 자는 것으로 하면 거시기하지만 노숙자로 인정되어 관심 밖이 됩니다. 아마 노숙자나 행려자로 보는 경향인 것 같습니다.

몇 년 전에 체코의 도나우 강에 빼어난 야경을 구경하겠다고 세체니 다리를 통과하던 관광선의 침몰로 도나우 강의 원혼이 된 비극이 있었던 장소입니다. 우리들은 2013년에 43일간이나 잠자리가 바뀌는 동유럽 자전거 여행 시 자청해서 호텔에 들어가지 않는 한 야영으로 멋진 밤

을 보냈습니다. 오늘도 바로 그 지점인 세체니 다리 밑 잔디밭에 텐트를 설치하였는데 불법이라 철거를 해달라 하여 철거하고 플라이만 덮고 밤을 보내면서 건너편에 있는 어느 5성 짜리 호텔에서 야경을 보는 것보다 몇 백 배 더 많은 별을 보며 밤을 보낸 적이 있었습니다. 그간에 건축법이 개정되어 불법으로 간주될 수도 있으니 반드시 확인하시고 시행하시기 바랍니다.

법이 개정되었다면 이 방법도 있습니다. 이 방법은 우리도 몇 번 경험하지 않았던 방법으로 자전거 여행일 경우에만 해당됩니다. 자전거 두 대를 서로 마주보게 하고 핸들과 핸들 위에 플라이를 걸쳐 놓으면 천막이 이루어져 비바람도 피할 수 있을 뿐만 아니라 덤으로 맑은 공기와 소통하고 자전거 도난에도 안전하고 그 속에 숙박할 경우에는 야간에 다니다 어두워서 쉬어가는 여행인으로 간주되어 누구도 거들떠보지 않습니다.

　여행에 관하여 인프라가 잘 조성되어 있는, 더군다나 선진국에서는 자전거 여행객에게는 교통 취약자로 인정하여 많은 배려를 해주는 경향이 있어 이 점 유념하여 긴급할 때 한 번쯤 시도해볼 만했습니다.

만리장성을 넘다

제4부

용문석굴

여행의 꽃, 자전거 여행

일상의 삶을 잠시 내려놓고
기차나 비행기를 타고 내키는 대로 다니는 여행은
빠르게 이동하는 좋은 점이 있지만
그러한 여행은 점(点) 여행에 불과하다고 봅니다.

그러나 자전거 여행은
둥근 두 바퀴로 원(圓)을 그리고 가지만
결과치는 선(線)으로 나타나게 됩니다.
점(点)이 모여 선(線)이 되듯이
자전거 여행은
차보다 사분지 일만큼 느리지만 결코 느리지 않고
걷는 것보다 네 배쯤 빠르지만 그다지 빠르지도 않아
멋진 풍경 속에서 인심이 좋으면 좋은 대로
나쁘면 나쁜 대로
비가 오면 오는 대로 눈이 내리면 내리는 대로
날이 개면 떠나면 되었습니다.

자전거를 세우고 머무는 곳이 "선(線)"의 여행이 되지만
듣고 보고 읽고 쓰고 알뜰히 모아 보태면 면(面)으로 나타나
그 면(面)의 바탕 위에
선(線)을 올려놓고 겹쳐두면
이는 곧 입(立, 꾸밈)이 되어 달리면서 보고 만나서 듣고
돌아와 정리하면

나누는 이야기는 "선(線)"이 되고 듣는 이야기는 "면(面)"이 되어
가슴에 담아두는 추억은 "입(立)"이 되어집니다.

오늘도 자전거 바퀴가 사각(角)이 아니고
둥근 원(圓)임을 감사하고
둥근 원(圓)을 그리다 보면
선(線)으로 면(面)으로 입(立)으로
나타냄을 감사하며
오늘도 안장 위에 오르게 됩니다.

제1장

용문석굴

용문석굴은 낙양(뤄양) 부근에 있는 석굴로 북위(北偉) 선무제 시대 (502년) 발원으로 수십 년에 걸쳐서 만들어졌습니다. 중국에 돈황석굴, 운강석굴과 함께 3대 석굴 중 하나로 유네스코 문화유산에 등재된 불교 문화의 위대함과 그 웅장함이 돈황석굴과 비견이 될 만하다고 느껴졌습니다. 수년 전에 돈황석굴은 실크로드 답사 여행 때 경유지로 들러볼 기회가 있었습니다. 석굴마다 발원 당시는 고유번호를 붙여서 관리하지 않았겠지만 근래에 와서 관리에 편의상 호칭이 주어진 것 같았습니다.

신라시대의 혜초스님이 안좌된 석굴이 기억으로는 17번 석굴로 기억되지만 그 돈황의 석굴은 불교 신자들의 발원과 신자들의 신심으로 자연발생적으로 생긴 것같이 느껴져 관객들에게도 거부감을 주지 않고 위대한 신앙심으로 응집된 불심이 담긴 조형물로 보여졌습니다. 돈황석굴은 어디에선가 목탁 소리가 들리는 듯도 하고 향 피우는 냄새가 나는 듯도 하여 옷깃을 여미게 하였습니다.

　이곳 용문석굴도 돈황석굴과 마찬가지로 산 전체가 석굴로 장식된 것 같이 보였습니다. 그 규모는 만리장성을 보는 듯하여 그 웅장함과 예술성은 나 같은 무식한 사람에게는 그 시절의 불교에 대한 신심과 역사라는 것밖에 느낄 수 없었고 이 불상을 만들 때 동기야 어디에서 발원이 되었든 지금과 같은 특수장비가 없던 시절, 까마득하게 높은 절벽에 매달려 큰 굴을 파고, 세밀하기 이를 데 없는 불상을 새긴 투혼에 여행자는 입이 다물어지지 않았습니다.

　불상은 10여m가 넘는 것부터 2~3㎝ 손톱 크기에 불과한 것까지 실로 다양합니다. 더구나 제각기 다른 표정과 조형미를 보여줘 감탄사가 연발됩니다. 전체적으로 어떻게 보여지는지 모르지만 지금 여행 중에 있는 무뢰한의 눈으로 봤을 때 전체적인 느낌이 가녀린 인상이었습니다.

　또 중국 고유의 조형미도 눈에 띄어 특히 장식이 섬세하고 회화적 표현도 눈에 띕니다. 장비도 없었던 그 시절에 바위산에 매달린 석공들이 돌을 찍어 내는 정 소리가 마지못해 토해내는 원성의 소리가 아니었기를 바라는 마음이 앞섭니다.
　이러한 마음을 가졌다는 저에게 석불의 웃음 띤 인자한 미소는 사물을 사실 그대로 봐야 함에도 순수하게 보지 못하고 왜곡된 시선으로 보는 제 옹졸한 마음을 나무라는 듯하였습니다.

　용문석굴 중 가장 유명한 불상은 당(唐) 고종 때 시작된 황후 무씨(後의 측천무후)가 주도한 봉선사(奉善寺)의 거대 불상군입니다. 이를 보지 않고는 용문석굴을 봤다고 할 수 없다고 할 만큼 단연 압권입니다.

　특히 폭 35m 석굴 안에 있는 대불(비로자나불)은 높이가 17.4m에 이르며 귀 길이만도 1.9m나 됩니다. 675년에 완성돼 절정기의 극치를 보여주는 이 불상은 수려한 용모에 인자한 미소가 인상적이었습니다. 이 노좌대불(露座大佛:높이 14m), 대불(높이 약 17m) 앞에 봉선사라는 절이 있었다고 합니다. 두보(杜甫)가 젊었던 시절 나이 24세 때 과거 시험에 낙방하고 크게 실망한 나머지 이곳에 와서 마음을 달랬다고 합니다.

　옛날이나 지금이나 답답하고 실망스러울 때는 고요한 산사를 찾는가 봅니다. 저도 20살 때 그런 경험이 있었습니다. 절 이름도 비슷한 용담사(안동군 길안면 소재)였습니다. 한 사람은 요 모양 이 꼴로 늙어갔지만 한 사람은 시성이라는 이름으로 세상에 이름을 남긴 분으로 용문사 유용문 봉선사(遊龍門 奉先寺)에서 시 중에 이렇게 읊었다고 합니다.

욕각문진종 영인발탐성 欲覺聞震鐘 令人發探省
(잠 깨어날 무렵 새벽 종소리를 들으며 깊은 사색에 잠긴다.)

석굴 앞에 흐르는 이허 강과 양편의 용문사와 향산 기슭에 1km에 걸쳐 위치한 커다란 바위산(석회암) 굴에 불상을 조각했으며 굴의 크기도 불상의 모습도 천태만상입니다. 석굴 주변에는 일반 백성들이 새겼을

듯한 작은 불상 조각들이 빼곡합니다.

　1,500년 전 중국의 불교에 대한 믿음이 번창하였음을 보여주고 있었습니다. 용문석굴 건너편의 불교사원 샹산쓰(향산사)는 516년에 건립된 불교 사원으로 향갈나무가 많이 나서 이름 붙여진 사원입니다. 아름다운 절경이 가득한 곳인 샹산쓰의 풍경도 유명함에 자전거로 갈 수 있는 거리라 해서 한번 마음을 내봤으나 동료들 표정을 보니 별 관심을 가지지 않는 깃으로 알고 마음을 접었습니다.

　어쨌든 1,500년의 세월이 흘러서도 여러 이유로 시작된 석굴의 탄생이 이 시대를 살아가는 우리들에게 찬란한 그 시대의 문화를 전수하여 문화 발전과 정신 소양에 많이 기여해 굴러가는 자전거 바퀴에도 그 무게감을 실어주었습니다.

제 2 장

맹모삼천지교(孟母三遷之敎)

자식을 키우는 부모라면 이 말은 누구나 몇 번씩은 들어본 말일 것입니다. 자식 교육의 환경을 중히 여겨 3번이나 이사를 했다는 맹자의 어머니의 자식에 대한 교육의 열의가 요즘 세상에 어떤 대접을 받을까 하고 자전거로 가면 몇 분 안에 갈 수 있는 길이라 찾았습니다.

맹모의 교육의 이념과 자식에 대한 올바른 가르침을 위하여 부모가 가져야 되는 자식에 대한 사랑을 일깨워주는 사상을 기념하는 맹모삼천지교 기념비는 세워져 있었으나 수풀에 가려서 찾기 힘들 정도였습니다. 중국이나 한국의 교육의 기본이었던 유교의 사상은 요즘 교육의 인성 사상을 중히 여기지 않아 참다운 사랑의 교육은 시대를 뛰어넘을 수 없다는 서글픈 마음을 가지게 됩니다. 맹모삼천지교의 맹모림을 둘러보고 백마사로 향하였습니다.

백마사

허난성(河南省) 낙양시 노성(老城) 동쪽 12km 지점에 위치한 동한(东汉) 영평(永平) 11년(68) 창건된 사원으로 불교가 중국에 전래되어 건립된 첫 번째 사원이라 합니다. 동시대에 우리나라의 혜초스님의『왕오천축국전』이 들어올 무렵, 후한(後漢) 때인 AD 67년에 인도의 승려 가섭마등(迦葉摩騰)·축법란(竺法蘭) 등이 명제(明帝)의 사신 채음(蔡愔)의 간청으로 불상·경전을 흰 말에 싣고 뤄양에 들어오자, 명제가 불교를 신봉하여 8년 후에 이 절을 세워 이후 백마사라 불리워졌다고 합니다.

중국에서 사찰 이야기가 나오면 꼭 백마사를 듣게 되어 어느 만치 유명한 절인가 하고 큰 관심을 가졌습니다. 우리나라의 통도사 정도와 비견되었습니다. 중국에서 최초로 생긴 절이라는 의미와 인도에서 불경

을 신고 올 때 백마에 싣고 왔다는 뜻에서 이름을 백마사(白馬寺)라고
지었다고 합니다. 이 백마사는 지금도 낙양시의 동쪽에 위치하고 있으
며 그간에 몇 번의 화재로 소실되었다가 현재의 모양으로 복원하여 잘
보존되어 있었습니다. 명제는 사람을 천축국에 보내어 불경과 불상을
가져오게는 했지만 그 자신은 불교에 대해 알지도, 믿지도 않았다고 합
니다. 오히려 그는 유가 학설을 제창했고 또한 조정의 대신들도 불교를
믿지 않았다고 합니다. 그러므로 부처님을 발원하러 백마사를 찾아가
는 사람은 그리 많지 않았다고 합니다.

제3장

숭산 소림사(崇山 小林寺)

　우리들이 숭산 소림사에 도착한 날이 10월 17일, 화창한 초가을 날이 었습니다. 입구부터 심상치 않아 영화나 잡지에서 보아왔던 주변 환경 이 낯설지 않게 느껴졌습니다.

　이곳에 들어오기까지는 자전거의 편리성이 유감없이 발휘되었습니 다. 일반 내방객은 소림사에서 제공하는 교통수단을 따라야 하였고 차 량을 기다리는 시간도 불편을 초래하고 값비싼 교통비를 지불하여야 했습니다. 우리들은 거칠 것 없이 소림사 경내까지 자전거를 이용할 수 있어서 편하였습니다.

　입주문이라는 주변에 설치되어 있는 구조물이 특별하게 새롭게 만들 어놓은 것이 아니고 상시적으로 이런 모습으로 방문객을 환영하였는가 봅니다. 미국의 LA에 있는 유니버셜 스튜디오나 플로리다에 있는 영화 촬영장에 온 것 같았습니다. 입구에 만국기를 들고 있는 기수들이 도열 하고 있는 것이 오늘의 행사를 예고하는 것 같았습니다.

이 장소가 수도하는 장소가 아니고 영화나 서커스를 보여주기 위한 상업장같이 느껴져 발걸음이 주춤하게 되었습니다. 여기에도 시장 논리로 가장 먼저 눈길이 닿는 곳이 기념품 상점이고 장난감이나 선호할 수 있는 물건으로 손님을 유혹하고 있었습니다. 우리들은 소림사라면 도(道)와 기(氣)의 중국의 전통적인 정신문화와 기예의 본고장으로 알고 힘든 오르막길을 올라와서 보니 기대 밖이었지만 오늘 운좋게도 기예를 발표하는 날이라 하였습니다. 오는 날이 장날이라 큰 기대를 하고 입장하였습니다.

입구에서부터 내방객에게 흥미를 북돋우기 위한 행사인지 상시적으로 하는 것인지 모르지만 몇 백 명의 어린 수련생들은 흐트러지지 않는 동작과 함성으로 이 도량을 울렸습니다. 영화에서나 봐왔던 것을 실연하는 모습을 보니 대견스럽고 이 경지까지 오기 위한 수련이 얼마나 가혹했을까 하는 안쓰러운 마음이 들었습니다. 이제 겨우 우리나라 같으

면 초등학교 3~4학년쯤 되는 것 같았습니다. 앞에서 구령하는 사범은 복장을 받을 때 같은 수련생으로 보여졌습니다.

　모든 도(道)와 기(氣)는 자아의 내면에서 발전되는 자기 완성의 과정의 수련이라 생각합니다. 어떻게 보면 모든 기예에 스며 있는 도의 바탕은 정신 수양에서 출발한다고 보지만 이런 가혹한 행위는 훈련이지 수련이 아니라는 생각이 들어 씁쓸한 생각을 지울 수 없어 그런 모습을 보는 입장에서 감탄은 하지만 느낌은 없었습니다.

　좀 지나치게 폄하해서 말한다면 원숭이나 개에게 반복되는 훈련으로 따라 하게 만들기 위해 유혹하는 것은 빵과 고기뿐이라고 생각합니다. 그것을 미끼로 기계적인 동작으로 움직이게 하면 자기가 한 행동이 어떤 의미가 내재되어 있는지 모르고 있을 뿐만 아니라 그 생활환경에 익숙해지고 길들여지면 자기의 본성마저도 잃어버려 그런 것을 바라보는

동물애호가들은 입으로는 동물 학대니 하면서도 손뼉 치면서 좋아라 하면서 자신이 무슨 행동을 하는지 모르고 잘도 같이 살아가고 있습니다.

사람도 엄격히 분류하면 두 발 달린 동물의 한 부류에 지나지 않아 그들 동물들과 다를 바 없이 잘 길들여진 동물로 그들과 비유하여 보게 됩니다. 기계처럼 움직이는 한 무리의 학생들의 율동이 마치 길 잘들여진 동물들의 움직임같이 보입니다.

유튜브나 영화에 볼 거리라고 선전해서 보이는 신기명기라고 기괴한 동작을 하는 것은 저는 아예 보지 않습니다. 그것은 인간성을 파괴시키는 자기 학대의 행위라 생각해서입니다. 그것을 좋아라 하고 흥미를 가진 다수의 사람들이 있으니까 그 분야는 거듭되는 발전을 이루어나가겠지요. 따라서 발전하는 만큼이나 식상하지 않게 거듭되는 새로운 동작을 개발해서 발전해 나가리라 봅니다. 어디까지 발전해 나갈지 모르지만 그것을 즐기다 보면 인간성을 파괴시키는 잔혹함이 자신에게도 전가되어가고 있다는 것을 모르고 자기 취면에 빠져들고 있습니다.

도(道)와 기(氣)를 중요시하는 도량에서 중(스님)이 고기 맛을 알게 되면 빈대껍질도 안 남긴다는 말을 비유한다면 옛날 소림사는 오늘날과 같이 상업적인 일변도로만 발전하지 않았는데 많이 변질되었다고 합니다.

무술 수련으로 유명한 소림사(少林寺)는 오악 중 중악이라 불리워지는 바로 하남성 숭산에 있으며. 무당파는 호북성(후베이성)을 거점으로 무협소설의 성지로 자주 등장하면서 중국의 무예를 발전시키는 양대 산맥으로 중요하게 다뤄지고 있다 합니다. 오늘날 이곳 소림사에는 무술학교가 있어 많은 학생과 승려들이 무술을 연마하고 있는데, 중국인 특유의 비즈니스 감각으로 상업화에 노력을 기울이고 있어 특히 소림사 자체를 브랜드화 하여 많은 산업적인 이익을 창출하고 있다고 합니다. 불교 사찰인 소림사가 무술로 유명한 이유가 본래의 숭고한 정신

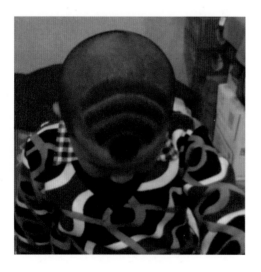

세계에서 존재 이유를 찾이 하다가 퇴색되어 본질을 망각한 상업성에서 세속화되어가고 있는 것 같습니다.

사진의 학생 머리 모양이(WiFi)를 상징하는 심벌로 도구화되어 인간의

신체의 일부가 산업의 도구로 전락된 것을 웃음으로만 볼 일이 아니라고 보여졌습니다. 다행스럽게도 인간의 머리와 뇌가 정보망과 대응되는 기발한 표현력은 애교로 봐줄 수 있어 소림사가 시중에 마켓화 되어 가는 것보다는 신성하게 느껴졌습니다.

소림사는 495년 무렵 북위 효문제에 의해 창건되었는데 인도 고승 발타를 존경하여 그를 위해 지었고 또 선종의 창시자인 달마대사가 이 절에서 수련했다고도 전해집니다. 불교는 중국에 들어와 고유 신앙과 접목하면서 중국식 종파인 선종이 탄생했는데 경전을 중심으로 하는 교종과 비교하면 참선과 수행을 중심으로 하는 게 특징이라고 합니다. 그 수행의 방법으로 무술이 중시되어 오늘날 무술 발전의 근원으로 소림사의 무술을 꼽았지만 지금과 같이 이렇게 퇴색되어 가고 있지는 않았다고 합니다.

이 절에서 무술이 성행하게 된 것은 이곳 승려들이 당나라 초기 이세민(훗날의 당태종)을 도와 왕세충을 토벌하는 데 혁혁한 공을 세웠기 때문입니다. 후일 당태종은 승려들을 승병으로 양성할 수 있도록 허락했고, 이로써 소림 무술의 명성은 세상에 널리 퍼지게 되었습니다. 명나라 때에도 숭산 소림사의 무술 승려들은 여러 전쟁에 참여하였기에 국가의 보호하에 무술 양식을 정립할 수 있었습니다. 덕분에 소림 무술의 전통을 이어갈 수 있었던 것입니다.

소림사의 무술은 이 절이 위치해 있는 숭산과 관련이 깊습니다. 이곳은 도교에서 신으로 모시는 5대 산중에서 중악으로 모시는 곳입니다.

이곳은 중국 전통의 수도였던 낙양 부근에 있기에 고대로부터 30여 명의 황제와 150여 명의 저명한 문인들이 이곳에 올랐고, 신선이 모여 산다는 신령한 땅으로 여겨졌다. 시황제는 이곳에 중악묘를 지었고 한무제도 봉선(奉禪, 제사)을 올리기 위해 이곳에 올랐다고 합니다. 당나라 무측천은 이곳에서 봉선을 하면서 중악을 신악(神嶽)이라 부르기도 했는데, 북송 이후 중악 숭산이라는 이름으로 이어지고 있습니다.

원래 소림사는 불교 사찰이지만 도교와의 혼합적 성격을 갖추고 있는데 승려들의 수행 방법으로 무술을 선택했다고 합니다. 즉 양생(養生)을 위해 생명을 보존하고 체질을 증강하며 질병을 예방하는 방법으로서의 무술입니다. 중국 무술은 싸움의 수단이 아니라 양생을 위해 몸을 건강하게 유지하는 수련의 방법으로 발전되어왔습니다. 최근 격투기와 중국 무술의 대결이 가끔 화제에 오르는데, 대부분 무술인들의 패배로 귀결됩니다. 이는 수련 방법으로서의 무술과 싸움 수단으로서의 격투기가 다르기 때문입니다.

소림사에 도착하자 이연걸을 연상케 하는 엄청 큰 석상이 버티고 섰는데 무술을 수련하는 승려의 형상입니다. 소림사가 무술의 도장임을 상징적으로 드러냅니다. 소림사는 서기 496년 인도 승려 발타대사를 위해 지은 절로 그 이름은 숭산 소실산(少室山) 아래 무성한 숲속에 있다 해서 소림사(少林寺)라 붙여졌다 합니다.

소림사 하면 달마대사를 빼놓고는 얘기가 안 됩니다. 인도에서 북위 효명제 3년(527년)에 양자강을 넘어 소림사로 온 달마대사는 숭산의 천연석굴에서 면벽 9년의 수도 끝에 중국 불교 선종(禪宗)의 일대 종사가 됐습니다. 달마는 면벽 수도 후 몸이 약해져 건강 회복을 위해 다섯 가지 동물의 움직임을 본떠 신체 수련을 했는데, 그것이 소림권법으로 발전되어 제자들이 수련의 한 과정으로 받아들였다 합니다.

소림사 경내로 향하는 길목에는 무림학교 생도들의 기합 소리가 귀에 쟁쟁했습니다. 과연 소림사에 왔다는 실감이 났습니다. 소림사로 들어가니 엄청 큰 은행나무들이 수호신처럼 서 있습니다. 중국 사람들도 절에서 불공을 올리는 것은 한국과 별반 다름이 없었습니다. 대웅전 앞에서 많은 사람들이 부처님께 기원을 드리고 있었습니다.

보무도 당당히 뒤에 경호원을 대동하고 행사장을 순시하고 있는 두일 님과 만소 님의 모습이었습니다. 무엇이 그렇게 흡족하였는지 엄선된 수백 명의 미녀들 앞에 사열을 하면서 웃음을 짓고 있습니다.

장례 의식

공자의 고향인 취푸를 지나서 서안으로 가는 도중에 이런 장례행사 현장을 지나게 되었습니다. 우리들이 자전거 타고 가는 행로는 만리장 성을 시야에 두고 자전거 길이 되다 보니 자연히 산과 인접한 도로를 이 용하게 되어 일반화물 차량이나 장례행렬과도 길을 함께 사용하는 경 우가 있었습니다.

자전거 여행은 특성상 정지된 사물을 우리가 지나치면서 보게 되는데 오늘은 우리가 쉼터에서 쉬는 시간에 있을 때 장례차량이 지나가게 되 어 자세히 관찰하게 되었습니다. 이곳은 지리적으로 유교의 본산지인

제남, 곡부와 인접한 곳이고 불교가 성행한 소림사와 상충된 지점이라 장례의식이 남다르게 보여졌습니다.

고인이 저 세상에서 편안하고 윤택하게 지내시라고 고인이 기거할 유택(幽宅)을, 저 세상에 가서도 이용하시라고 생전에 애용하였던 기물과 백마를 모형으로 만들어 함께 매장하는 것 같습니다. 장례 차량도 중국인이 선호하는 9자와 8자를 겹친 차량번호를 쓰고 있었습니다.

이런 장례행사의 예는 서안에 진시황의 병마총과 무관하지 않다고 보여집니다. 진시황이 내세에서도 현세의 권좌를 누리고 살아왔던 것을 그대로 누리고 살아보고자 수많은 병마와 기물을 함께 가져가고자 똑같은 모형으로 만들어 땅 밑에 매장해놓은 것이 농사꾼에 의하여 발견되어 요즘 일부 발굴작업하여 전시된 것을 볼 수 있었습니다.

오늘 이 장례의 예도 그와 맥을 같이한 것같이 보여졌습니다. 불교의 내세와 유교의 효 사상이 접목된 종교의식으로 발로된 것으로 봤을 때 살아 있을 때 좀 더 현실적으로 봉양하고 행복하게 하여주심에 부모를 더 위하고자 하는 효성스러움이 유교에서 말하는 부자유친이 아닌가 생각합니다. 이런 장례문화는 제 생각으로는 아름답고 숭고하게 보여지지 않는 것은 중국 사람들의 생활문화가 허례허식이 많은 것으로 보여졌기 때문입니다. 함께 매장하는 백마의 모형이라든가 생전에 귀하게 쓰던 물건도 가식으로 만든 것을 볼 때 마음까지도 진실성이 결여된 것으로 보여졌습니다.

이렇게 보는 제 견해에 문제가 있는 것이 아닌가 생각하게 됩니다. 제가 지나온 과거를 생각해보면 불교식이든 유교식이든 어느 것 한 가지라도 돌아가신 우리 부모님에게 만족스럽게 하여드리지 못하고 불효하게 지내온 제 못난 과거를 생각하게 하여 잠시나마 제 처신을 잊어버리고 유족에게 잠시나마 죄스런 생각을 가지게 되었던 것이 부끄럽게 생각되었습니다. 이런 자책의 마음도 자전거 안장 위에서만 가지는 생각이라고 변명하고 싶습니다.

터미네이터 트럭(Terminator Truck)

중국은 넓은 대륙에 비하여 석유가 생산되지 않는 비산유국가로서 에너지 절약에 국운을 걸고 있는 나라다웠습니다. 흔히 볼 수 있는 산업용 차량에 적재한 물량의 부피와 무게를 보면 그들의 애환을 볼 수 있었습니다.

사진에 적재된 차량이 모습이 예술이었습니다. 공장에서 생산된 규격품으로 적재하였다면 예측 가능하겠다고 생각들 하겠지만 적재되어 있는 화물이 하나하나가 독립된 수천 개의 개체였는데 쌓아 올린 솜씨가 예술이었습니다.

철도 화물량의 두 량 이상의 물량이 실려 있었고 그 적재량이 대형 화물차의 세 대 분량이나 되었습니다. 중국에서는 공사용 자재를 싣고 다니는 15톤 화물 트럭도 적재 정량의 3배 이상 45톤은 기본이고 그 이상으로 적재하고 다니는 것을 볼 때 차가 주저앉을까 봐 가까이 가기에 겁이 날 정도였습니다. 이 모든 것이 에너지 절약에 대한 에너지 효율과 절대적 관계인 것 같습니다.

우리나라도 발전도상에 있을 당시 적재 정량에 2배 이상 싣고 다니는 것이 보편적일 때도 있었습니다. 과적함으로써 도로를 파괴하는 주범이 되어 에너지 효율보다 복구비가 더 들어 비경제적이라 알고 지금은 단속 대상에 적재 정량에 10% 이상 적재하지 못하도록 엄하게 단속하고 있는 실정입니다.

자전거를 타고 가는 길에 이런 과적한 차와 함께 도로를 나눠 쓰는 경우가 자주 있었습니다. 그때는 특별히 조심하지만 자전거의 운행 특성으로 외부환경에 민감한 반응을 보이는 교통수단입니다. 큰 물체가 움직이면 흡입되는 공기의 반응에 핸들(조향장치)이 민감한 반응으로 움직이게 되어 중심을 잃고 딸려들어갈 때가 있어 난폭한 차량이 항상 경계의 대상이 됩니다.

특히 중국에서는 교통 약자인 자전거 타는 사람에게는 조금의 배려도 없음을 인지하고 조심하는 것이 사고를 미연에 방지하고 생명을 보전하는 최고의 방법이라 생각하여 항상 조심하여야 했습니다.

제4장

장성(長城) 안의 성 장안(長安)성

중국 사람이 의심이 많다 하는 말이 헛말은 아니었는가 봅니다. 이러한 웅대한 성곽을 쌓은 것은 군주의 권위를 보이기 위함보다도 자신의 안위를 더 심각하게 생각했던가 봅니다.

외곽에는 만리장성이 서 있고 자기의 처소에는 또 다른 성벽을 완벽하게 쳐놓았지만 그것도 못 믿어 수로를 만들어 물길로 한 번 더 제어하고 있는 시설이었습니다. 현재 산시성 서안시는 서북 교외에 위치한 진시황제가 창시한 홍락궁을 수리하여 장락궁이라 고치고 그 외곽성을 장안성이라 명명하여 또 다른 성곽을 쌓아 도읍지을 낙양(산시성 임동현 동북)에서 옮기고 혜제 1~5년에 확장했다고 합니다.

성벽은 동 5,940m, 남 6,250m, 서 4,550m, 북 5,950m, 전체의 성곽의 길이가 23,000m나 되어 이것도 만리장성의 전체의 길이에 계산되지 않았나 생각합니다. 남쪽에는 돌출부가 있고 서에서 북에 걸쳐서는 크게 굴절하여 좌우는 불균형하여 그 때문에 남쪽 성벽은 남두(南斗), 북쪽 성벽은 북두(北斗)의 모양을 따서 두성(斗城)이라고 불렀다는 천문설과 이 부근에서 동북으로 흐르는 위수 때문이라고 하는 지형설, 먼저 완성된 궁전시가를 둘러싸고 있기 때문이라는 기능설이 있습니다. 성내에는 장락궁, 미앙궁을 비롯하여 북궁, 계궁(桂宮) 등이 있고 또한 무제 때에는 건장궁이 새로 조영되었다고 합니다.

장락궁(長樂宮) 건장궁(建章宮)

장안성 내(內)의 동남쪽에 위치하고, 주위 30리(약 12km), 그 전전(前殿)은 동서 약 115m, 안쪽 길이 약 27.5m, 성곽 내에는 시황제가 27년에 축조한 홍대(鴻台), 전전 후방에는 무제가 세운 임화전(臨華殿), 서쪽에는 태후가 상거(常居)하던 장신궁이 있다 하였으나 자전거를 타고 다니는 길이라 식별할 수 있는 규모가 아니었습니다. 엄청난 그 시설은 만리장성에 비견될 만하였습니다. 우리 팀이 즐겨 보고 다니는 관광의 대상은 만리장성이라고 지정하고 다니는 관계로 어떤 구조물이나 관광의 명소를 볼 때에도 내부의 진기한 물품을 보는 것이 아니고 만리장성을 보고 다니듯이 외관만 중요하게 보게 되었습니다. 이번 여행의 성격상 미리 정해진 관광의 대상물이 단순한 만리장성만을 보는 것이라고 여행의 품격을 정한 탓인 것 같습니다. 중요한 관광지를 수박 겉핥기하고 다니는 듯하여 시간이 아까울 때도 있지만 우리들 나름대로 목적을 위하여 열심히 하고 있음을 자부합니다.

장안의 성곽 높이가 50m 정도 되고 지형이 낮는 곳에서 쌓아올린 성곽의 높이가 100m가 된다고 하니 그 성각의 높이도 높다고 하겠지만 그 위에 마차가 다닐 수 있다고 하면 밑면의 넓이는 어느 정도였을까 상상도 할 수 없었습니다.

더군나 성벽을 이룬 소재는 흙으로 만든 벽돌로 쌓아졌고 벽돌과 벽돌의 이음대를 접착제로 흰죽을 끓여서 사용하였다고 합니다. 성의 외벽이나 내부에 채워진 재료 덕분에 지금까지 성벽이 흠집 하나 없이 보존될 수 있었다고 합니다. 그 가장 큰 이유 중의 하나는 건축 재료를 연구하는 재료공학에서 밝혀지겠지만 외벽에 쓴 재료와 성벽 내부에 사용한 자료가 동일하여 여름이나 겨울에 기온에 따라 변하는 재료의 팽창률이 같아 늘어났다 줄었다 하는 팽창계수가 같았고 시공 방법도 같았음으로 이룬 것이라 보여집니다. 오늘날까지 성벽 외부에 심한 균열이 없는 것도 그러한 것이 원인 중 하나라 생각합니다.

양고기 훠궈(火鍋)

이곳 저곳 바쁘게 기웃거리다가 허기진 점심 때를 지나서야 금강산도 식후경이라 늦은 식사 시간을 가졌습니다. 탱이 님이 극구 추천하는 맛집, 이곳에 오면 꼭 먹고 가야 한다는 양고기 샤브집을 찾았습니다.

이름 있는 맛집이라 순번 대기를 해야 했습니다. 큰 세수대야처럼 생긴 커다란 용기를 양분하여 내부는 태극 모양으로 둘로 나눠 한쪽엔 하얀 육수, 한쪽엔 빨간 국물이 담겨 있었습니다. 하얀 국물(백탕)에는 돼지사골, 닭 등으로 우려낸 육수에 각종 약재를 넣어 끓이고, 홍탕은 육수에 고추, 후추, 고추기름을 넣어 끓여낸 육수라 합니다. 한 냄비 속에 두 가지 맛을 내는 태극 모양 경계로 하여 백탕은 담백한 맛, 홍탕은 매운 맛을 지니고 있는데, 이 육수가 끓으면 고기(주로 양고기), 야채(배추, 시금치, 팽이버섯, 감자 등) 등을 넣어 끓여냅니다.

훠궈의 유래는 원나라 때부터 시작되었다고 합니다. 원나라 황제가 중원에서 전쟁하던 중 북방에서 먹던 양고기 요리가 생각나 이를 만들고자 했습니다. 그러나 그때 적군의 진격이 시작됐다는 첩보가 왔고, 요리할 시간이 부족해진 주방장은 양고기를 얇게 썬 뒤 끓는 물에 데

친 뒤 황제에게 진상하였습니다. 황제는 이를 급히 먹고 전투를 치뤘는데, 전투가 끝난 후에도 주방장이 급히 건네 준 이 음식의 맛이 생각나 주방장에게 상을 내리고, 이러한 양고기 요리법에 쏸양러우(훠궈)라는 이름을 지었다는 이야기가 전해집니다. 무엇보다 탱이 님이 맛있게 먹는 모습이 보기 좋았습니다.

장안성 서쪽 실크로드 가는 방향에 그때 당시 모습을 형상화하여 만든 조각품이 100m 정도에 걸쳐 전시되어 있었습니다. 길가에는 그때 상인들이 휴대하고 다녔던 생필품이 상품으로 전시되어 장터를 이루고 있었고 종합예술의 경연장처럼 한쪽에는 타일 위에 물로 쓰는 붓글씨를 볼 수 있었고 옆에는 고전악기로 연주회가 열렸습니다.

이곳에만 들러보아도 실크로드를 체험할 수 있게끔 그 시대의 행상들의 모습을 원형 그대로 조각하여 작은 실크로드를 경험하도록 복재한 실크로드의 축소판이었습니다.

이곳에서도 자전거로 다니는 관광의 효율의 우수성을 경험하게 되었습니다. 진열된 전시품을 만든 자료가 모두 석재(원석)으로 만들었기 때문에 진동에 의하면 훼손될 우려가 있어 차량으로는 근접하지 못하게 출입이 금지되어 있어 일반인들은 관광을 도보로 다녀야 했습니다. 전시장을 다 돌아보기에 하루의 시간이 소요되리라 보여졌습니다.

자전거로 모형으로 만든 실크로드에 자전거로 다닌다는 것은 석상으로 만든 차마고도에 다니는 행상들과 그때 그 모양 그대로 낙타와 동행하는 듯하여 직간접적으로 실감으로 느낄 수 있었습니다.

그때 운좋게도 중국 TV 방송에서 제작하는 사극 연출장에 이곳을 무대 배경으로 하는 촬영이 있어 주연 여배우와 기념으로 사진촬영 할 기회가 있었습니다. 소품으로 꼭 자전거와 함께하자는 요구가 있어 축소된 현수막을 들고 탱이 님이 수고하였습니다.

제 5 장

송찬간포와 문성공주

팔순바이크

    장안을 출발하여 3일 동안 고비사막 언저리에서 헤매다가 여행 떠나온 지 일정상으로는 17일이 경과되어 칭하이(靑海)성 위수(玉樹)시에 도착했습니다. 일정상으로는 반이 소요되었지만 경로에는 반에 많이 못 미쳤습니다. 일정이 바빠졌습니다. 예정한 일정보다 3~4일이 뒤처지게 되었습니다. 그러나 아무리 바쁜 일정이지만 문성공주가 이 나라에 미친 지대한 영향을 생각해서 꼭 찾아보고 떠나야 했습니다.

    문성공주에 대한 정보란 단순히 당태종의 양녀로서 변방인 티베트 국왕 송찬간포에게 정략결혼을 했다는 정도였습니다. 그러나 현장에 와서 문성공주의 위상은 대단한 업적으로 신격화되어 추앙받는 것으로 느껴졌습니다. 정략결혼으로 이곳 낯선 머나먼 서역으로 온 문성공주라 하지만 이 나라에 문화와 종교에 미친 영향은 지대하였다는 것을 이곳에 여행 와서야 알게 되었습니다. 그때 당시 송찬간포는 조숙하였는가 봅니다. 나이가 13세였는데 총명하였는가 봅니다. 당나라 공주에게 청혼하여 정략결혼을 함으로써 북방의 침략으로부터 견고하게 외교 수단으로 방어망을 구축하였을 뿐만 아니라 몇 년 전에 라사에서 경이롭게 보았던 포타라궁도 그때에 축조하였으며 히말라야를 넘어 지금의 인도와 네팔을 공략하고, 동쪽으로는 당나라의 수도 장안(長安, 지금의 산시(陝西)성, 시안(西安))을 위협할 정도로 용감하고 지략을 갖춘 지도자로서 그는 토번을 청장고원(靑藏高原)에 축조하고 주변 나라들을 정복하기 시작하여 당나라에서는 그 영향이 미칠까 봐 남서쪽은 문성공주를 전략으로 송찬간포를 부마로 삼았다고 합니다.

토번의 국세 확장 판도를 보면 동북쪽은 문성공주를 데려와 묶어두고 남서쪽으로는 티베트고원의 험준한 산악으로 자연적인 방어망을 구축하여 강국으로 만들어 사방에 국위를 떨쳤습니다. 송찬간포는 실질적으로 티베트 최초의 통일 국가를 이룬 왕으로서 그의 재위 시기부터 티베트의 역사가 기록되기 시작했습니다. 문성공주는 640년에 태종의 명을 받들어 후진국이었던 토번국의 국모가 되어 토번의 판도는 남서쪽으로는 티베트고원의 강국으로 만들어 사방에 국위를 떨쳤습니다. 실질적으로 티베트 최초의 통일 국가를 이룬 영도자의 국모로서 당나라의 문물을 들여와 종교와 문화 예술은 그때부터 발달시켜 그의 재위 시기부터 티베트의 역사가 기록되기 시작했습니다.

그때 당시 문성공주의 결혼 행렬은 아버지 당태종의 명을 받들어 당나라 수도 장안을 출발하여 서녕(西寧, 지금의 칭하이(靑海)성 시닝)을 거쳐 일월산(日月山)을 넘어 토번의 수도 납살(拉薩, 지금의 라싸)시까지 혼례행차를 꾸며서 갔습니다. 그 행로의 기록에 따르면 지금의 칭하이성 위수 티베트족 자치주의 베이나거우(貝納溝)는 문성공주가 토번으로 가던 중 가장 오래 머물렀던 곳이라고 합니다. 송찬간포가 공주 일행을 직접 마중하러 이곳까지 나왔다고 합니다. 그런 관계로 이 마을 입구에 문성공주의 입상이 세워지고 그를 추모하고 공적을 기리는 행사를 매년 성대히 개최한다고 합니다.

문성공주는 서적과 경전 및 불상을 가지고 와서 문화와 종교로 토번 국민들의 정신적인 지주로 삼고 생활의 밑거름이 되는 농산물 생산에 기반이 될 만한 씨앗과 함께 그것을 토착화할 수 있는 장인들을 당나라에서 수십 명 데려갔는데, 이를 통해 토번에 불교를 전파하고 문화 사업을 벌였습니다. 토번에 30년 가까이 머물며 지역을 교화하는 데 힘을 기울여 당나라와의 경제와 문화 교류에 지대한 영향을 끼쳤습니다. 그녀는 680년에 토번 사람들의 존경을 뒤로하고 세상을 떠났는데, 이곳 사람들이 사당을 세우고 1년 내내 참배를 드린다고 합니다.

문성공주와 그녀에 뒤이어 토번왕 적덕조찬(赤德祖贊, 698~755)에게 시집온 금성공주도 토번에서 국모로서 대단히 지위가 높았고 큰 존경을 받았습니다. 티베트 불교사에서 중요한 위치를 차지하는 문성공주는 왕비 이전에 갑목살(甲木薩)이라는 호칭으로 불려졌습니다. 티베트어에서 '갑(甲)'은 한(漢), 즉 중국을 가리키고, '목(木)'은 여자란 뜻이며, '살(薩)'은 신선이란 뜻입니다. 중국에서 온 여신이란 의미입니다. 문성공주는 개인적인 차원에서는 당나라와 토번의 화친정책에 따른 정략적 결혼의 희생양이었지만, 고귀한 인품과 열정으로 토번에 당시 중국 문화와 불교를 전파하여, 거칠고 사나웠던 그곳 사람들을 평화를 사랑하는 사람들로 순화시켰다는 역사적 평가를 받고 있습니다.

　그렇게 영민한 공주가 34세의 젊은 나이에 병사하였다고 합니다. 짧은 생애를 그곳에서 지냈지만 국모로서 많은 업적을 남겼는데 특히나 불경을 번역하기 위해 재상을 비롯한 학자 16명을 인도로 유학 보내어 높은 문화를 받아들이고, 나아가서 토번의 문자를 창제하고 문법도 만들게 했고, 토번 문자가 창제되자 솔선수범하여 맨 먼저 문자를 배우는 데 앞장섰다고 합니다. 그는 토번 문자를 자유자재로 구사하여 3종의 저서를 남겼다고 하는데, 그중『마니전집(嘛呢全集)』이 남아 있습니다. 이 책은 토번 건국, 라싸 건설, 대소사 창건, 문성공주를 아내로 맞이한 과정, 종교 정책을 비롯한 각종 정책 등을 기술한 것으로, 토번의 역사와 종교 상황을 이해하는 데 중요한 사료가 되었다고 합니다. 자전거로 하는 여행이었기 때문에 일반화되지 않았던 이런 고귀한 정보를 얻을 수 있었고 그 현장에서 깊이 있는 현실감을 터득할 수 있었습니다.

포탈라 궁

송찬간포에 의해 라싸에 수도를 정하고 포탈라 궁이 이때에 만들어졌다는 것을 여기 와서 알게 되었습니다. 이곳에 오기 6년 전에 히말라야 여행 시 찍었던 사진으로 그때는 송찬간포에 의하여 포탈라 궁이 건설되었는 줄 몰랐었습니다. 전설에 따르면 절 터는 원래 호수였다고 합니다.

송찬간포가 포탈라 궁을 세울 때 건설하는 입지로 반지가 떨어지는 곳을 정하기로 하여 호수 주변에 절을 짓기로 적존공주와 약속했는데, 뜻밖에 반지가 호수 안으로 떨어졌다고 합니다. 그때 호수 표면이 갑자기 빛나면서 9층 백탑(白塔)이 솟아났는데, 그리하여 1천 마리의 흰 산양(山羊)을 몰아 공사를 시작하여, 3년이나 걸린 끝에 대역사를 마치게 되었다고 합니다. 오늘 그 현장을 다시 보게 되어 몇 년 전 히말라야 여행을 했을 때 보아온 그 현장의 내력을 이곳에 와서야 근본을 보게 되었습니다.

포탈라 궁의 원재료인 기초적인 석재를 제외하면 70%는 목재로 건축하였다고 하는데 이곳의 지리적 여건상 나무가 자랄 수 없는 곳이고 그 목재를 어디에서 구하여 운반해온 것인지 미스테리라 하겠습니다.

라싸 고성의 서쪽 홍산(紅山)에 있는 포탈라 궁은 높이 119m의 13층짜리 고대 궁전입니다. 역사적 가치가 매우 높고 보물이 많이 감춰져 있어서 전 세계 사람들이 가보고 싶어 하는 곳으로 꼽힙니다. 티베트인들의 건축 예술과 문화 번영의 상징물입니다. 이후 전쟁 등으로 여러 차례 불타거나 훼손되어 두 곳만 남았습니다. 지금의 포탈라 궁은 기본

적으로 17세기 이후의 것입니다. 특히 5세 판첸라마 나상가조(羅桑嘉
措)가 권력을 잡았을 때 확충되었습니다.

옛날이나 지금이나 개 버릇 남 못 준다는 이야기입니다. 당나라 시대
때도 토번 쪽에 나라의 평정을 위해 자기 딸을 정략결혼까지 시켰으면
서 당고종은 송찬간포를 자기 멋대로 부마도위로 임명하고 서해 군왕
과 종왕(賨王)으로 임명하였습니다. 요즘도 자기 나라가 중화의 나라이
고 대륙의 지배자라는 생각을 가지고 있는 망상은 오늘날에도 그 이념

을 가지고 있어 자유진영의 국민의 투표로 당선된 통치자를 선임하지 않는 체제라면 국경을 마주하는 나라인 에스토니아, 라트비아, 리투아니아, 폴란드에 영향력을 끼쳤으며 우리나라에서도 중국의 황제에 의해 교서로 책봉을 받았던 굴욕적인 시대가 있었던 것이 사실이었으니 경계를 늦추지 말아야 합니다.

중국이 야심차게 추진하고 있는 일대일로(一帶一路: 육상·해상 실크로드) 계획 중 육상으로 동지나의 거점 도시인, 신 실크로드는 개혁개방 이후 매년 9%가 넘는 급격한 경제성장을 통해 미국과 더불어 G2 경제강국으로 부상한 중국이 유라시아 대륙을 연결하여 거대한 지리적 경제적 공동체를 만들고자 하는 야심찬 프로젝트입니다. 중국 국가주석이 천명한 대로 북쪽 신강성-신장성-청해성-섬서성-내몽고에 이어 동북삼성 요녕성, 길림성, 흑룡강성까지 도로 교통망을 대폭 확충한 다음, 북한과 남한 더 나아가 일본까지 이어지는 거대한 통로를 만들고, 서쪽으로는 신장성에서 중앙아시아를 거쳐 유럽 그리고 아프리카까지 이어지는 거대한 교통·물류의 통로가 만들어지게 되는데 전 세계를 하나로 이루려는 패권국가의 꿈을 꾸고 있으며 또한 현실화해나가고 있습니다.

사실 중국의 이러한 정치 경제적 성장은 일찍부터 어느 정도 예견된 것이었습니다. 14억이 넘는 엄청난 인구에, 세계 3위의 국토 면적, 그리고 무엇보다도 중국의 유구한 문화적 전통은 언젠가 중국이 사회주의라는 폐쇄적 철문을 열어젖히고 나왔을 때 가공할 만한 위력을 발휘하리라고 생각되어 왔던 것은 사실이었습니다.

세계 4대 문명의 하나인 황하 문명의 발상지요, 공자, 노자, 장자 같은 위대한 사상가들을 2천 4~5백 년 전에 배출해낸 정신의 심연(深淵)을 가진 나라요, 근세에 와서 인공위성까지 쏴 올린 첨단 과학이 발달된 국가라는 것을 잊어서는 안 될 것입니다. 우리가 이웃하고 있고 삼면이 바다의 한반도에서 가장 근접하기 쉬운 나라인 만큼 사대할 수밖에 없는 슬픈 역사를 안고 태어났지만 근 세기에 와서는 무기체계가 달라져 약소민족과 강대국이라는 개념 자체가 없어진 마당에 굴욕적으로 사대할 필요가 없다고 생각이 듭니다. 그러나 양 강대국 틈에 있는 현실을 부인할 수 없음에 중국의 일대일로(一帶一路)의 세력 확장을 그러한 과정을 금세기 세계 유일의 초강대국 위치를 점해온 미국이 가만히 보고만 있을 리 없다고 봅니다. 중국의 성장을 두려움의 눈으로 바라보던 미국은 유럽을 나토 체제로 묶어두고, 일본과 한국을 잇는 기존의 극동 지역 동맹 체제를 강화하면서, 오랫동안 전쟁을 해온 숙적 베트남과도 다시 손잡고, 대만에 대한 금전적 군사적 지원을 통해 남중국해에서 중국을 압박하는 형식으로 중국의 대외 팽창정책을 저지하려고 하는 것이 요즘의 세계 정세입니다.

그러면 동북아시아에서 미·중의 충돌은 군사 모험주의의 시험을 계속하고 있는 북한의 존재로 인해 한반도를 그 분쟁 속으로 끌어들일 개연성이 매우 높게 생각됩니다.

임진왜란, 청일전쟁, 6.25동란은 엄격히 말하면 이 나라 강토 위에서 벌어진 외세들끼리의 싸움이었습니다. 정명가도는 단순한 조선 침략의 명분만이 아니었습니다. 즉 16세기 말, 명나라를 칠 테니 길을 빌려달라고 했던 일본과 일본의 침략 의도를 저지하려 했던 중국과의 전쟁이 임진왜란의 본질이고, 우리나라는 땅을 그들의 전쟁터로 빌려준 꼴이라 하겠습니다. 19세기 말 청나라 때에도 또 중국 대륙 진출의 야욕을 버리지 못했던 일본은, 결국 만주를 점령하고 남경학살을 자행했습니다. 이때 벌어진 일본과 중국의 전초전으로 한반도에서 벌어진 것이 청일전쟁이었음을 상기하여야 합니다.

한국은 지금 미국, 중국, 일본, 러시아 같은 세계 초강대국 사이에 끼어 있는 작은 나라입니다. 게다가 분단되어 있기까지 합니다. 오랜 역사 기간 동안 다른 강대국들은 먼 나라였고 동아시아의 초 강자인 중국은 이웃나라였습니다.

중국은 강대한 통일 정권이 들어설 때마다 주변국가를 침공하여 조공을 받았고 한반도는 예외 없이 그 우선 순위에 벗어난 적이 없었습니다. 요즘도 조공을 바치는 대상이 중국에서 다른 나라로 바뀌었다는것 뿐입니다. 무력을 균등하게 유지하기 위한다는 명목으로 바치는 돈은 서러움을 안고 사는 약소국의 숙명입니다.

지나온 과거는 분하고 억울하기는 하지만 우리는 어쩔 수 없이 중국에게 사대하고 굴종함으로써 우리의 안전을 도모한 것이 역사적 사실입니다. 그런데 이제 한반도를 둘러싼 정치지형이 달라졌습니다. 우리의 인접 강국은 중국 하나에서 미국, 중국, 러시아, 일본 등 다자 구도로 바뀌었습니다. 더 이상 어떤 한 나라를 섬겨서 안전이 유지되지는 않습니다. 이러한 상황은 역설적으로 한국전쟁 이후 전란 없이 지내온 세월 70년, 초토화된 강토 위에서 맨손으로 이만큼 일구어 이제는 당당히 세계 경제를 선도하는 그룹의 일원이 되었고 문화, 체육 분야에서도 세계로 뻗어나가는 한류의 거침없는 파도에 우리 스스로도 놀라고 자랑스럽게 생각하고 있습니다. 한반도의 역사 이래 유례가 없는 일이요,

호기입니다. 우리가 원치 않는 끔찍한 비극이 또 다시 이 땅 위에서 재현된다면 그것은 하늘과 땅이 갈갈이 찢기는 처절함을 넘어설 것입니다.

그런데 근래에 미·중 간의 무역 분쟁과 무력 시위의 양상이 심상치 않습니다. 갈수록 그 위험수위가 높아져 가고 있습니다. 미·중 간의 분쟁은 국가 간의 전쟁, 지역 분쟁으로 끝나지 않고 전 세계적인 다툼으로 비화될 가능성이 큽니다. 그러나 인류 전체의 공멸을 불러올 세계대전은 일어나서도 안 되고, 쉽게 전쟁을 운위(云謂)해서도 안됩니다. 미국과 중국은 인류 전체의 운명을 가지고 섣부른 오판을 하거나 함부로 가볍게 다루어서는 안 되도록 경계하여야 했습니다.

우리은 중국의 자존심이라는 만리장성과 천안문 광장을 자전거 바퀴로라도 짓밟아 본다는 취지로 여행을 하지만 단순한 역사 탐방이나 관광여행이 아니라 미구에 들이닥칠, 이미 벌써 시작된 미국과 중국의 패권 경쟁의 현장을 답사하는 것이라고 생각해야 될 줄 알고 여행에 임하고 있습니다. 중국은 우리에게 어떤 나라인가? 닭 울음소리가 들리는 이웃 나라요, 기나긴 역사 속에서 중국은 한(漢), 수(隋), 당(唐), 원(元), 청(淸), 중공(中共) 등 통일 정권을 세울 때마다 한반도를 침략해왔던 나라요, 한자문화권 속에서 선진 문화를 전달해준 나라요, 지금도 직간접으로 긍정적·부정적 영향을 미치고 있는 나라입니다. 지금도 그 영향력을 직·간접적으로 실행하고 있다고 생각해보면 이 여행이 단순히 즐기며 마음 가볍게 다닐 여행만은 아니었습니다.

그 동안 유린당했던 조그마한 한국이라는 나라에서 중국 문화와 역사의 산실이 되었던 만리장성을 타고 넘는다는 것은 상징적 의미로 제 자전거 두 바퀴 아래에 두고 중국이 자랑하는 유구한 역사의 문화를 거슬러 올라가서 한(漢)나라로부터 지금까지 중화문화권 위에 제 자전거 바퀴를 올려놓고 굴러본다는 것으로 제 조그마한 소망을 이루고자 함입니다. 앞으로 두 번 다시 이런 여행을 할 수 있을 기회가 있다 하여도 오늘에 만리장성 위에 자전거를 올려놓고 다니면서 천안문 광장을 사열하듯이 다니고 만리장성이라고 하지만 제 자전거 바퀴 밑에 있는 토성일 따름이라고 호기롭게 다닐 수 있는 기회가 또 주어질까 하는 의구심이 듭니다. 요즘 지구촌의 변화를 보면 장담할 수 없어 이 여행이 가지는 의미를 더 충실하게 하여야 되겠다는 각오를 다집니다.

위수(玉樹)시 도시 전체의 길거리에 진열되어 있는 조각품을 제 무식한 눈으로 봤을 때도, 현세와 과거의 토번과의 국제적인 미묘한 감정으로 이룬 정략적인 결혼이라고 하였지만 도시 전체가 그때의 문성공주가 시도한 토번에 선진 문화를 정착시킬 때의 모습을 상징적으로 표현한 것으로 보였습니다. 종교를 기반으로 하여 토번의 국민들을 감화시켜 기도하는 모습과 겸하여 도시 건설에 박차를 가하는 벽돌을 들고 겨루고 있는 모습은 우리나라의 옛날 싸우면서 건설하자는 것이 표현된 것 같아 이곳에 와서 보는 느낌은 예사롭게 보이지 않았습니다

베이나거우(貝納溝) 마을 입구에서 송찬간포가 직접 나와 문성공주를 맞이한 곳이라 마을 입구에 이런 조형물이 있었습니다. 문성공주에 대한 이 나라 주민들의 존경심은 불교의 신앙심에서 근거로 하기 이전에

문성공주 자체가 국민들에게 신앙의 표상인 것 같았습니다. 지나다니는 주민들도 기도를 드리고 조각상 앞에 헌정된 예물은 예사롭지 않아 우리가 지나갈 때 에도 동상 앞에 꽃이 시들지 않았습니다.

아침에 일어날 때 탱이의 표정이 무거워 보여 또 가슴이 아려왔습니다. 며칠만 참아 달라고 속으로 기도하였는 것이 보람이 있었는지 함께 사진 찍을 여유를 가졌습니다.

처음에 출발할 때는 서로 바라보는 눈길로 굳은 의지로 지내자는 뜻으로 눈길을 주고받았지만 요즘은 서로 무심하게 지내는 편이 되었습니다. 계속해서 아무 생각 없이 무심히 지낼 수 있다면 그보다 다행한 일은 없을 것인데 가끔 어두운 표정일 때 가슴이 철렁합니다. 어떤 어려운 경우라 하여도 한심하게도 제가 할 수 있는 일이란 기도하는 것뿐이었습니다.

　탱이 님 하고 사진을 찍으면서 '이 사진을 언제 어디서 누구하고 보려고 찍은 것일까? 나도 방정맞은 생각도 가지는데 본인은 어떤 생각을 하고 찍을까? 실낱 같은 희망이라도 가졌으니까 그곳에 의탁하겠지.' 하는 생각에 마음속으로 응원을 보내면서 탱이 님의 카메라 속으로 제가 자주 들어가지만 제 영상 속에도 탱이를 자주 그려넣으려고 합니다.

　여행 중에 사진을 찍는다는 것이 사진 찍을 때가 중요하지 돌아와서는 그 사진을 한두 번 들여다 보는 것으로 끝날 터인데 하고 되돌아와서 생각해 보면 사진 찍을 때 그때 그 순간이 소중하다고 느껴집니다. 탱이 님하고 찍는 사진은 때에 따라서 기록으로 남기려는 목적이라는 생각에 마음속으로 더 감명 깊게 눈 속에 가슴속에 가지고 가면 될 것을 헛수고를 한다는 생각을 가질 때도 있습니다.

정성을 들여 제 모습을 찍은 사진도 누구에게 보일려고 이런 허망한 짓을 하는지 모르겠다고 자조하지만 찍을 때 그 마음과 기분을 그곳에 그 피사체에 접목시켜 남겨놓는다는 것뿐일 것이라고 생각해보면 카메라라는 매개체를 이용한다는 것이 가상할 뿐입니다.

이제까지 여행 중에 제가 찍은 사진은 스틸사진으로 작품의 예술성보다 현장감이 있는 동영상을 위주로 사진을 찍었습니다. 동영상 속에서는 현장의 실체적인 이야기를 담을 수 있다는 이점이 있어서입니다. 그런 관계로 항상 피사체가 제가 아닌 우리라는 것이라서 제 개인적인 제 사진이 없어 언제나 부탁을 해야 한두 장 얻을 수 있었습니다.

다녀와서 앨범을 정리하다 보면 제가 담겨져 있는 사진은 여행기에 참조할 수 있는 영상을 찾을 수 없어 가끔은 궁여지책으로 화질이 떨어지는 동영상 중에 한 장면이라도 있으면 다행으로 알고 복사하여 사용합니다.

저는 지나왔던 여행의 기록은 동영상에 의존하고만 있습니다. 가까운 시간 이내라면 기억이 되고 나름대로 장소별 시대별로 보관하고 있다고 하지만 그때에 찍었던 사진을 들여다봐도 기억력도 한계가 있어 사진 속에 내용이 기록되지 않는 것이 있으면 어디서 어떠한 관계로 얻어진 사진이라는 것도 기억이 나지 않을 때가 많습니다.

그나마 가장 기억하기 좋고 찾아 보기 좋은 것은 번거롭지만 동영상입니다. 기억을 더듬을 때 가장 효과적인 것은 사진 속에 살아 움직이고 이야기가 있는 동영상이라 생각하고 있습니다. 기억에 묻힌 오래된 사진이라도 앞 장면의 이야기와 뒷 장면의 이야기를 연결시키다 보면 그때의 상황이 되살아나서 현장감으로 기억할 수 있어 좋아 보입니다. 그 점에도 장단점이 있어 어떤 기록물에는 화질이 좋은 정지 영상이 필요할때가 있어 앞으로 스틸영상과 겸해야 되겠다고 생각합니다.

자전거 타면서 얻어지는 사진은 다소의 시간이 필요하여 함께한 동료들의 기다려주는 협조가 필수적이라 항상 동료들에게 고마움을 느낍니다. 자전거 여행의 본질은 항상 움직이고 자유로워야 되고 어떤 신체상의 제약을 받으면 여행의 마음이 흐트려져 한두 번의 협조도 짜증나는 일이라 무리할 수 없어 서두르다 보면 항상 아쉬움만 남게 됩니다. 특별하게 현장감에 더 접근하고자 항공사진(DJI, Dron) 얻기까지는 다소의 시간이 더 요구됩니다. 시작 전 기체와 현장 간의 통신신호를 주고 받느라 기다려야 하는 시간이 10여 분 더 요구되지만 자전거 타고 다니는 여행은 항시 움직이는 여행이다 보니 그 행동 속에 조금의 시간은 아주 길게만 느껴집니다.

평상시 같으면 용납되는 시간이지만 자전거 여행 중에 동료들에게 협조 받는다는 것은 부담을 주는 것이라 어렵게 느껴지고, 더군다나 장비의 부피와 무게가 감당이 되지 않아 국내여행이라도 개인 여행이 아니면 휴대 자체가 용납이 되지 않아 아쉬울 때가 많습니다. 어쩌다 행운이 있어 촬영에 필요한 시간이 있어 얻어지는 한두 컷의 사진이라도 만족하는 편입니다. 앞으로는 외부요인에 의하여 해외여행은 어려울 것으로 알고 국내여행에 치중할 때 드론 사진을 적극 사용할까 합니다. 제일 먼저 지난해에 울릉도 여행에 아쉬움이 있었고 남해의 여수와 신안섬 일대의 기록에 미흡한 것이 있어 그곳부터 한 번 더 다녀와야 해결될 것 같습니다.

과거에는 사진 속에 이야기를 담는 것이 주된 목표였다면 이제 앞으로는 영상미를 더 비중 있게 다루어야겠습니다. 편집의 효과도 시대에 맞춰 따라 가면서 새롭게 발전해나가는 것을 배워야 했지만 능력 밖이라 접기로 하고 20년 전에 배운 것이라도 잊지 않았으면 하는 것으로 만족의 척도를 낮추기로 하겠습니다.

여행에 대한 욕구는 다니면서 보고 느낀 것들은 처음에는 눈으로 담아두고 다음에는 눈에서 가슴으로 옮겨온 것을 담아두려 하였지만 그 여운을 좀더 길게 가져보고자 사진으로 옮겨 왔던 것이 발전되어 그것도 미흡하게 느껴져 살아 움직이고 숨결이 느낄 수 있는 동영상에 집착하게 되었습니다. 그 분야에도 시류에 편승한다고 새로운 첨단 장비와 함께해보겠다고 항공사진에 도전해봤지만 능력 밖이라는 것을 알게 될 때까지는 인체의 기능이 한계가 있다는 것으로 호된 수업료를 내게 되었습니다.

이제 모든 면에 꼬리를 내려야 되겠지만 아직은 미련이 남아 자전거 바퀴를 굴릴 수 있다는 여력은 조금은 남아 있어 그 여력에 부합되는 바퀴굴림은 나 혼자만이라도 굴러가는 자전거 위에 그 자리에 맞는 짐을 꾸리다 보니 카메라 대신에 숨결을 옮겨놓을 수 있는 메모할 수 있는 흰 백지와 그 위에 수 놓을 수 있는 항공사진 대신 펜이 될 것 같습니다. 여행지도 실행 가능한 것으로 잣대를 낮추어 제 능력에 무리가 가지 않을 곳으로 맞춤여행을 하여야겠다고 생각하고 한 번 출정에 10여 일 넘지 않는 곳으로 선택하여야겠습니다

이런 힘에 겨운 행장을 가지고 자전거 바퀴를 달리고 다니는 것이 노

추(老醜)라고 보일지라도 곁 눈길 하나만이라도 세상을 볼 수 있다는 것으로 만족하고 90세를 바라보는 나이에도 세상을 바르게 볼 수 있는 눈이 있음을 의식하게 하여줄 수 있다면 그 욕구 하나만이라도 만족할 수 있다는 것을 희망사항으로 알고 그것마저도 끝나지 않도록 노력할 것입니다.

그러한 목적을 달성하기 위해서는 지나친 욕심이라고 생각하여 제가 먼저 다가가서 기다리고 있는 편입니다.

여행에서 얻어지는 성취감은 함께하였던 동료들에 따라서 훈기가 달라져 그들과의 관계를 만들어 나가는 것이 더 중요하다고 생각하기 때문에 성가시지 않을 정도의 근접한 거리에서 주고받을 수 있게 서성대고 있을 겁니다.

제가 이제까지 이런 모습이라도 버텨나갈 수 있었던 것은 제가 먼저 모든 것을 허물어버리고 철면피로 다가가는 데에서 얻어지는 효과가 아닐까 생각합니다. 저는 배우는 교실이 따로 없고 선생님도 따로 없습니다. 배우는 장소는 지하철 안도 되고 공원도 되고 그늘막의 쉼터도 됩니다. 따라서 저를 가르치는 선생님도 따로이 정해진 사람도 없습니다. 중학생부터 대학생까지 차 타고 가는 사람 외에 걸어 다니는 모든 사람은 전부 내 선생님이 될 수 있어 수업료도 안 들어 좋습니다. 교재도 필요 없습니다. 책도 노트도 연필도 아무것도 필요없이 가벼운 제 입과 완벽하게 항상 갖추고 다니는 휴대용 컴퓨터, 전화기(스마트폰)만 있으면 그 역할을 다 할 수 있어 좋습니다. 하물며 숙제와 예습자료도 기능 좋은 핸드폰이 있어 그 역할을 다 할 수 있어 숙제도 받아갈 수 있어 좋습니다. 요즘은 모든 기능을 완벽하게 다 갖춘 성능 좋은 스마

트폰을 가졌으면 체면불고하고 들이대는 철가면이 되었습니다. 다행한 것은 저는 무식한 것을 부끄럽게 생각지 않습니다. 모르는 것을 알려고도 하지 않는 것이 더 창피한 일이라고 하는 뎃빵(철판) 같은 철가면이 있어 위안이 됩니다.

이렇게 체면 불구하고 어깨 너머로 받아온 알량한 것이 기초가 되어 뿌리는 없고 줄기만 있다 보니 쉽게 잊어 버리는 아쉬움이 있어 제대로 뿌리를 내려 볼까도 하였지만 어느 누구 말처럼 지난 세월이 약이 못되어 모란이 피기까지는~ 입니다.

자전거 타기에 타성과 야성

자전거를 타다 보면 눈앞에 보이는 길이 동전과 같이 동그란 하늘만 보이는 오르막길을 맞닥뜨리게 됩니다. 그때는 눈썹도 빼놓고 신발에 묻은 흙도 털어내고 가고 싶을 정도로 무게에 민감해지기도 합니다. 그때에 서로 자전거에 올려진 짐을 서로 간에 쳐다보며 견주게 됩니다. 어떤 짐이라도 제 짐보다 가볍게 보여지고 제 자전거에 실은 짐이 더 무겁고 더 많게 보입니다. 그러한 생각이 나 혼자만이 생각이 아니고 다들 그렇게 생각 든다고 합니다.

일행들과 가는 길에 힘들어서 뒤처지는 경우에 자기 자신에게 원인을 찾으려 하지 않고 그 이유를 애꿎은 자전거에게만 찾으려 합니다. 변함없이 늘 타던 자전거라 원인을 찾을 수 없을 때 하다못해 타이어에 바람이 적어서라든가 체인에 윤활유가 말라서라고 하는 가당치도 않은 원인이라도 있어야 마음이 편해지는가 봅니다.

　앞에 가는 동료들의 자전거를 보고 뒤따르면서 주문을 외웁니다. 쉬어가자고 먼저 신호해주기를 바라고 화장실 갔다가 가자고 하기를 바랄 때, 자기가 먼저 제안하지 않고 남이 먼저 해 주기를 주문을 외울 때가 있습니다. 제가 이만큼 힘들 때 앞에 사람도 이만큼 힘들 것이라 생각해보면 동병상련이라 제가 먼저 쉬어가자고 하면 외면할 사람이 한 사람도 없는데 그 말이 그렇게 하기 어렵습니다. 나이라는 굴레를 썼다고 할까 봐입니다.

　몇 년 전 오지 여행할 때 보리밥과 간식으로 미숫가루만 며칠 먹으며 다닐 때 웅장한 방귀소리가 뒤따르는 사람으로부터 쉴 새 없이 들릴 때 냄새보다도 그 소리를 부러워한 적도 있었습니다. 방귀가 로켓처럼 공기를 밀어내는 추진력이 될 수 있을 것이라 생각하여 보면 자전거 타기에도 영향을 줄 것 같아 제 방귀가 앞 사람의 방귀에 못 미친 것에 불만일 때도 있었습니다.

　자전거 타다 보면 풀리지 않는 미스테리가 있습니다. 대열을 지어 갈 때 앞 사람이 20km 속도로 주행할 경우 함께 한 라인 선상에서는 갈 때는 모르는데 행열을 지어 맨 마지막으로 따르는 사람은 그 속도보다

10% 정도 더 달려야 따라갈 수 있습니다. 그 원인은 아직까지 풀지 못하고 있습니다. 그런 관계로 대열을 지어 가는 라이딩 때에는 그 팀에서 가장 취약한 사람이 선두 다음으로 배치 받게 됩니다. 이는 어느 팀이든 공식화된 수순입니다. 저는 아직까지 그런 혜택을 누려본 적이 없어 다행으로 알고 있습니다. 사실 힘들게 뒤따라 갈 때 앞서 가는 선두를 원망할 때보다 선두 다음으로 가는 사람을 원망할 때가 더 많습니다. 뒤따르는 사람이 선두를 압박하기 때문에 선두가 어쩔 수 없이 더 달리게 되어 모두가 힘들어지는 원인은 선두 다음으로 따르는 사람에게 주어집니다.

어느 동호회나 참가하다 보면 취약한 사람이 한두 사람이 있기 마련입니다. 보기에도 허약하고 화장실을 자주 가는 노약자가 있으면 그날의 타겟으로 정하여 마음이 편안해져 오늘의 라이딩은 안심해도 되겠다는 안도감을 가지게 됩니다. 저는 쉼 없이 동호회 활동을 다니며 자전거에 오릅니다. 제 건강을 지켜 나가기 위함도 있지만 선두 다음 허약한 사람이라는 먹잇감이 되는 대상자가 안 되기 위해서 제 방어벽을 지킨다는 뜻도 되어 오늘도 칼을 갈고 있습니다.

만능인 백과사전과 같은 핸드폰이 제 손안에 있어서 좋습니다. 라이딩 할 때 핸드폰은 그 기능 이전에 그날의 전 일정에 대한 취약점을 보험 든 것 같아 언제나 SOS 신호를 보낼 수 있어 든든한 문화이기도 됩니다. 어느 위대한 사람이 온 세상이 제 손 안에 있다 하듯이 요즘 문화의 이기로 우리 모두에게 자기의 세상을 가지게 되어 제 손안에 있는 세상과 또 다른 남의 세상을 소통하여 공유하게 되면 또 다른 세상을 함께 사는 기쁨을 가지게 되니 이 또한 좋습니다.

제5부

타얼사, 청해호

동태(動態)야 동태(動台)야

시작이 반이다.
그것도 올라타야 시작이 된다.
반이 반을 채울 수 있다.

앞바퀴를 돌려주면 뒷바퀴가 따라오고
뒷바퀴를 돌려주면 앞바퀴가 밀려간다.

내가 있어 네가 따라갈 수 있고
네가 있어 너와 함께 갈 수 있어 좋다.

자전거가 두 바퀴가 되어 좋다.

제1장

요동(遼東) 집성촌, 현벽장성

요동이라 불리는 것은 지역의 이름을 가리키는 것이 맞습니다. 중국 요하(遼河)의 동쪽 지방, 지금의 요녕성(遼寧省) 동남부 일대를, 우리나라의 고구려 시대와 항상 마찰이 있었던 요동을 가리키는 말입니다.

다시 말해서 지역의 이름입니다. 그쪽 지방 요동(遼東)은 동북쪽 지방이라 겨울철이 길고 혹한기가 길어 대체적으로 집 구조가 땅굴처럼 구덩이 형태로 파서 동네를 이루는데 집성촌입니다. 이를 요동이라고 부릅니다. 동쪽이든 서쪽이든 이런 가옥구조로 사는 동네 이름을 요동이라고 부르는 것이 트렌드가 되어 동쪽의 요동이 있고 서쪽의 요동이 따로 있는 것 같습니다

서역 쪽에도 티베트에 인접한 따로 요동(遼東)이라 불리는 집성촌이 있었습니다. 처음에 탱이 님이 요동이라고 하여 이해가 되지 않았습니다. 요녕성 동쪽에 있는 부락의 이름이 요동이라는 것을 익히 알고 있

었는데 분명한 것은 고구려 광개토왕 시절의 우리 민족이 살았다는 요동이 있다는 역사책으로 기록됨이 있어서입니다.

이곳의 요동(遼東)도 멀리서 보면 벌집 형태로 만들어졌습니다. 가까이 다가가서 보면 막고굴이나 용문석굴과 같이 만들어졌습니다. 다른 점이 있다면 용문석굴이나 막고굴은 바위에 만들어졌다면 이 요동은 벽체가 흙으로 만들어졌다는 것입니다. 지붕도 흙으로 덮여 있어 아마 겨울에 보온 관계로 땅굴 형태로 지어진 것으로 보어집니다. 살고 있는 사람에게 이 집에 살게 된 동기와 경위를 알기 위하여 탐문하였던 바 직접 자기가 만든 집이 아니고 비어 있는 것을 사용하고 있으며 아직까지 빈 집이 많다고 합니다.

날짐승이나 길짐승이 먹이 따라 계절 따라 떠나갔다가 다시 자기에게 알맞은 계절이 오면 자기가 살았던 집을 다시 보수해서 옛 보금자리를 찾듯이 이곳 요동(遼東)도 그런 형태의 집이었습니다.

강남 갔던 제비가 계절이 되면 자기 집을 찾아 오듯이 살기 좋은 계절이 되면 찾아와 그간에 허물어진 곳이 있다면 다시 보수하여 이곳에서 식구를 늘려 겨울이 되면 먹잇감이 많은 강남으로 갔다가 이듬해에 다시 어김없이 새식구와 같이 찾아들어 우리들 동요의 가사처럼 강남 갔던 제비가 돌아오면 그간에 가슴이 부풀어진 옆집 순이와 좋은 인연을 맺어지듯이 제비가 돌아오기를 기다리는 시집 장가 못 간 처녀총각들이 그때를 기다린다고 합니다.

요동의 집 모양과 제비 집은 비슷한 형태로 흙으로만 지어져 제비 집을 보듯이 친근감을 느끼게 합니다.

요동의 집은 제비 집처럼 주인이 따로 있는것도 아니고 필요에 따라서 먼저 자리를 차지하면 자기의 안식처로 인정되어 재산상의 권리를 인정하지만 소유권에 대한 등기제도는 없는 것 같았습니다.

모양새가 용문석굴 모양으로 한곳에 웅집되어 있어 요녕성(遼寧省) 요동과 같은 시대, 같은 용도로 만들어진 것으로 보여졌습니다. 집 근처에 만리장성의 지류(현벽장성)가 있어 장성을 축조하는 종사자들이 거주한 것으로 보여져 집 내부의 구조가 어떤 형태로 만들어졌을까 하는 의문으로 집주인의 양해를 받아 내부 구조를 살펴 보았습니다.

요동(遼東)의 주거 공간

내부는 평면으로 이루어져 있었습니다. 크기는 입구 출입문으로 들어가면 좌측과 우측으로 투 페이스로 분리되어 주 공간은 전체 면적의 반 이상 차지하는 주거 공간과 물품을 보관하는 부속실 역할을 하는 두 개

의 공간으로 나누어져 있었습니다. 생활의 편의성을 위해 신발을 신고
다녀도 되었으며 집안 중앙에 화덕을 놓아 조리나 보온을 하는 구조로
장치되었습니다.

출입문 맞은편에 공기를 소통하는 환기구용으로 조그마한 문이 있었
습니다. 출입문 가까이는 흙으로 일정한 높이로 툇마루 형태로 쌓아 자
연적으로 만들어진 흙침대가 되어 침실을 대신하는 것 같았습니다. 지
붕은 채광과 배수를 염려하여 경사를 이루었고, 지붕 위에 흙더미를 쌓
아 풀이 자랄 수 있게 하여 완벽하게 자연과 일치하였습니다. 집안에
들어서자 일정한 습도가 느껴졌습니다. 별다른 난방시설을 하지 않아
도 온도를 유지할 수 있도록 장치된 것 같았고 처음에 염려하였던 생활
용품에서 배어 있는 냄새는 거부감 있을 걸로 짐작하였는데 그렇지 않
은 것이 자연적인 환기가 흙에서 발생하는 기(氣)인 것 같았습니다.

이제 서역의 끝 지점인 자위관에 가까워졌는가 봅니다. 집 앞에 있는

나지막한 성이 만리장성의 지류로 보여졌습니다. 서역 쪽에 형성된 장성은 동북쪽의 만리장성에 비하면 외침을 막는다는 전략적인 효과를 가지기 위한 성(城) 이전에 시각적인 효과를 노리는 것 같이 성의 높이나 규모 면에는 동북쪽의 장성과는 대조를 이룰 만큼의 규모 면에서 미약한 것으로 보였습니다.

서역 쪽으로 가까워질수록 장성의 규모가 적어져 외래의 침략이 그만큼 적었고 전투하는 형식이 기마전이 아니기 때문에 성을 높이 쌓을 필요가 없고 다만 경계의 의미가 있는 것으로 표시된 것 같습니다.

지금의 장성은 많이 허물어져 있어 장성이 가지는 본래의 기능은 기대할 수 없을 정도로 많이 유실되었습니다. 장성을 허물어 가재도구에 이용하고 있었으며 하물며 허물어진 장성 속을 곡식 보관창고와 소, 돼지 등의 가축을 키우는 용도로 쓰고 있었습니다.

아름다워야 할 산하의 장성은 없어지고 흉물로 변하여 지나온 역사의 발자취를 보여 주는 듯하였습니다. 중국 당국에서는 역사의 가치를 보존한다는 차원에서 일체 실태 조사에 착수한다고 합니다. 이런 흉물을 재건한다면 신축하는 것보다 더 정성이 들 것으로 보여졌습니다.

탱이 님이 인도하지 않았으면 그냥 지나치고 갈 뻔하였는데 요동(遼東)의 실체를 꼼꼼히 보게 되어 다행스럽습니다. 그동안에 우리는 흔적으로만 보았던, 흙 속에 집을 짓고 사는 사람들의 생활상을 보고 싶었고 또 그 속에 사는 사람들을 직접 만나보고도 싶었습니다.

요동도 규모 면에서 큰 집과 작은 집이 있어 다른 요동 형식으로 지은 집을 찾아보고자 했는데, 구석지고 은폐된 곳에 외부와 단절하게 도로에서 내려가는 길이 없었고 밖으로 나가는 길이 요새화되어 이곳 주민들이 앞장을 서서 내려가는 길을 찾아주지 않았으면 한참 헤맬 뻔하였습니다. 집 앞에서 청소하던 꾸냥(姑娘)이 우리들을 보고 수줍어하면서 집 안에 들어가더니 문을 열어주지 않습니다. 한동안 사정을 하여 집 안에 들어가게 되었는데, 원래 굴[窯洞] 속에 살던 사람들은 앞쪽에 집 형태를 갖춰 그곳에 살고, 대문을 통해서 들어가는 입구가 두 곳으로 되어 이곳 요동은 생활 공간과 주거 공간이 독립된 별채로 두 쪽으로 나누어져 있었습니다.

이 요동은 세 가구가 같이 사는 듯이 보였습니다. 정면에 흙 굴이 3개인데 2개는 사람이 사는 굴이고, 중간은 창고로 쓰여져 안에는 가재도구가 보였습니다. 왼쪽에는 역시 흙을 파내고 변소를 만들었고, 오른쪽에는 아주 작은 다른 독립가옥이 있었습니다. 우리는 꾸냥의 허락을 받고, 주인도 없는 정면의 흙 굴집 동방홍(東方紅)이라고 대문 위에 써 붙인 집의 대문을 열었습니다. 거의 모든 집이 기차길의 굴 모양입니다. 왼쪽은 창문이고 오른쪽이 대문입니다. 이 집은 문을 열고 들어가자마자, 왼쪽에는 흙침대가 있고 그 위에는 이불 세 채가 가지런히 개어져 있습니다. 침대 밑에는 가로 세로 30cm 정도의 작은 아궁이가 바닥에서 20cm 정도 위에 설치되어 있는데, 불을 땐 흔적이 있는 것으로 봐서 겨울에는 군불을 피웠던 것 같습니다.

천장에는 거미줄과 함께 백열 전구 하나가 달랑 달려 있습니다. 정면 안쪽에는 새까맣게 때에 절은 책상이 있고, 그 위에는 작은 항아리들이 커다란 거울과 함께 놓여 있었습니다. 오른쪽 벽에는 밀짚모자 두 개가 나란히 걸려 있었고, 역시 나무의자와 커다란 궤짝이 놓여 있었습니다. 그 밖에 수건과 망태기 등 작은 살림도구들이 놓여져 있을 뿐입니다. 이곳에 필요한 가전제품들은 눈에 띄지 않았습니다. 입구에 달려 있는 전구는 장식품이었는가 봅니다. 흔하게 보아왔던 태양열 전지판도 이곳에서는 보여지지 않았습니다.

이 굴집의 전체적인 부피는 얼마나 될까요? 우선 높이부터 보자면, 사람이 왕래하기에는 아무런 불편이 없을 만큼 높습니다. 침대 위에 일어서도 천장에 닿지 않을 만큼 높고, 폭은 흙을 쌓아 만들어진 킹사이즈 침대의 크기만큼과 통로로 쓰이는 공간이 120cm는 될 것이고, 깊이는 3m 정도로 보였습니다.

이 굴은 안방으로 쓰이는 공간으로 보입니다. 즉, 창고와 변소가 따로 있듯이 부엌이 따로 있었으며, 건너방도 따로 있을 것입니다. 그 밖에 방이 더 필요하다면, 수요에 따라서 삽을 들고 흙을 파내면 또 방이 되는 미래 지향적인 구조로 보여졌습니다. 하여간 이런 굴집[窯洞]은 지붕도 그냥 흙입니다. 지붕에 올라가 보니 배수가 잘되도록 경사진 잔디밭이었습니다. 이러한 흙굴집[窯洞]은 방한, 방열, 방풍, 방음 등이 별도의 설비없이도 자연의 혜택으로 모든 면에 불편하지 않도록 설비되어 있었습니다. 비문명적 시설인 널판자로 얼기설기 가린 좌변식 변소를 사용하는가 하면 매우 문명적인 시설이란 것이 장식용 전기등 하나뿐이었습니다.

이곳에 빈 집이 있다 하니 그곳에서 만리장성을 베개 삼아 잠드는 밤이면 장성의 꿈을 꿔 볼 수도 있을 것이고 방목해서 키운 돼지도 어떻게 할 수도 있지 않았을까 하는 욕심도 가졌습니다.

이곳에 도착된 시간이 오후 2시경이라 잠자리 구하기는 너무 이른 시간이고 그냥 지나치자니 앞으로 이런 잠자리가 있다고 보장 받을 수 없어 욕심 났지만, 그보다도 '그놈이 딱이었는데' 싶습니다. 크기도 안성맞춤이었고 풀어서 키운 놈이라 육질도 좋아 보였는데 그놈 운이 좋았나 봅니다.

히말라야 여행할 때 산양 한 마리를 간단히 처치하여 좋은 시간을 가졌는데 그때는 자전거 수리용으로 휴대하고 다녔던 수리용 칼을 조자룡이 헌칼 쓰듯이 하여 취사도구라는 것이 칼 한 자루와 불뿐이었습니다. 수리용 칼과 철사를 얼기설기 구부려 만든 적쇠(석쇠)가 전부였는데 산양 한 마리가 삽시간에 없었겼습니다. 화덕을 주워오고 보니 산양 한 마리가 산으로 갔는지 곰 발바닥 대신에 산양 발바닥만 남겨져 있어 섭섭해한 적이 있었습니다.

이곳에서 요리를 한다면 도구도 완벽하게 있어 욕심낼 만도 했는데 시간이 맞지 않아 아쉽게도 그냥 두고 떠나야 했습니다. 그놈 돼지가 참 재수가 좋았던 것 같았습니다. 간밤에 재수 좋게 돼지꿈을 꾸었는가 봅니다. 하기야 돼지란 놈이 당연히 돼지꿈을 꾸었겠으니, 우리가 돼지꿈을 꾸지 못한 탓인 것 같습니다.

현벽장성(懸壁长城)

중국 간쑤성 자위콴에 위치한 장성(만리장성의 지류), 간쑤성(甘肃省)과 황하는 만리장성을 넘고 넘어 자위콴에서 동쪽으로 우웨이(武威)까지 오면서 거친 풍화로 야트막한 흙담이 된 만리장성, 베이징에서 이곳까지 오며 본 튼튼하게 돌과 벽돌로 쌓아 올린 반듯한 장성과 비교해 보니 외적의 침략이 잦지 않았다는 것 같았습니다. 우리네 동네 울타리 보는 듯 친근감마저 느껴지는 수준이었습니다.

모든 물건이 자주 써야 그 물건의 진가를 발휘할 수 있다고 하지만 오히려 이렇게 장성을 사용하지 않아서 무너져 내렸음은 평화의 상징인 듯 더 바람직하다고 보여졌습니다. 이쪽은 장성은 오랜 세월 동안의 풍파를 견디지 못하고 허물어져 내려 흙담이 되었습니다. 이를 보니 감회가 더욱 깊게 느껴지고 우리같이 장성을 종주하고자 하는 여행자가 아니면 일부러 찾아가야 볼 수 있을 정도의 외진 곳에 있어 누구나가 볼 수 있는 장성이 아니라 더 값지게 느껴졌습니다. 중국 만리장성 실태조사팀이 이런 장성의 지류까지 조사한 것까지 합쳐서 8,851.7km라 통계가 된 것 같습니다.

그렇게 뻥을 친 덕에 우리들이 만리장성을 답사한 거리도 그 기준에 맞추다 보니 중국의 최동단에서 서쪽끝까지 직선 거리로 5,000km밖에 되지 않는 거리가 8,851km로 늘어난 것 같습니다.

중국은 문화재 보호하는 정책을 펼친다고 하지만 이렇게 허물어진 장성을 복원하기는 새롭게 장성을 쌓는 것보다 더 어려움이 있을 것으로 보여졌습니다.

자연적으로 생긴 암벽이 장성이 되어버린 곳도 있었습니다. 높이가 150m, 길이가 1.5km. 풍화작용으로 많이 허물어져 지금은 그 절반밖에 남지 않았습니다. 자연적으로 성벽같이 이룬 장성도 중국의 장성의 통계에도 합산되었으리라 보고 그 성 앞에서 보는 장성의 위용은 인력으로 만들 수 없는 완벽한 성의 역할로 보여졌습니다. 처음에 이곳에 장성을 축조할 당시에는 스관샤(石关峡) 입구 북측의 헤이산(黑山) 구릉지에 위치하며, 자위콴 군사 방어체계의 요충지 역할을 한 곳인 듯합니다.

명(明)나라 때 자위콴의 방어를 강화하기 위해 축조된 것으로, 헤이산(黑山) 협곡 남쪽에 절벽을 향해 지었으며 협곡 남쪽에 있는 안비(暗壁)와 상호 대비를 이루며 헤이산(黑山) 협곡을 봉쇄하고 있어서 본래 길이는 1.5km나 되었으며 축조할 때 재료는 돌과 황토를 이용하여 층층이 쌓았습니다. 현재 750m가량 남아 있으며, 그 중 황토를 쌓아 만든 230m의 길이와 성벽의 높이가 고도 150m에 이르러 경사가 45도나 되는 산등성이 위에 설치되어 있습니다.

제2장

타얼사(塔尔寺)

　우리가 여행하는 동안에는 눈이 내리지 않았습니다. 며칠 전에 내렸던 눈인데 타얼사 올라가는 계단에는 발자욱이 없었고 하물며 새 발자욱도 없었습니다. 이때까지 방문객이 전혀 없어 우리가 첫 번째로 발자국을 남기게 되었습니다.

　계단에 쌓인 눈의 높낮이도 똑같았습니다. 눈 내릴 때 바람도 없었는가 봅니다. 새 발자욱도 없었습니다. 사진을 모르는 문외한에게 이런 기가 막힌 장면이 주어져 오늘 제 카메라도 처음 보는 장면이라 낯설어합니다. 그 위에 발자국을 남기기에도 아까울 정도로 고운 눈이 쌓여 있었습니다. 기왕이면 자전거 바퀴 자욱을 남겨놓고 갔으면 더 좋으련만 했습니다. 엄두가 나지 않아 올라가서 자신의 인증사진으로 만족했습니다.

팔순바이크

타얼사는 티베트 성지로 불리는 곳입니다. 티베트 불교의 종카파 대사가 탄생한 곳으로 379년 건립됐고 600년 이상의 역사를 가지고 있다고 합니다. 종카파 대사의 어머니가 아들을 생각하며 탑을 세운 자리에 들어선 타얼사는 600년 역사를 지니고 있지만 1980년대에 들어 개방되었다고 합니다.

타얼사팔보 여의탑(塔尔寺 八宝如意塔)

사찰 앞 광장에 자리 잡고 있었습니다. 이 탑들은 석가모니(釋迦牟尼)의 일생 중에 이룩한 8가지의 공덕(公德)을 기념하기 위해서 1776년에 세워졌습니다. 8개의 백색 불탑은 타얼사의 상징적 건축물이라고 합니다.

혜초스님이나 삼장법사 같은 불심이 깊었던 사람들은 구득하기 위해 고난의 길을 걸어 수행하였다고 합니다. 신심이 깊은 스님이나 불교에 관계 되는 사람이 이 자리에 있었다면 많은 업보를 쌓을 수 있었을 것인데 지나가는 자전거로 여행하는 사람들이라 참배도 드리지 못하고 가슴속에 8가지 공덕만 담고 갑니다.

시내를 통과할 때쯤 길 한편에 범종이 나란히 8개가 설치되어 있었습니다. 타얼사에 세워진 타얼사 팔보(塔尔寺 八宝如意塔)와 의미를 같이 한 범종으로 지나가는 행인들 누구나 업보를 받을 수 있다는 뜻으로 설치되었으나 지나가는 차량의 분진으로 관리에 어려움이 있어 설치할 때와 본래의 의도와는 달리 모양이 흉물스럽게 보여졌습니다.

앙수스님의 서적과 건축물 등 10만여 점의 문화재를 보유하고 있는 타얼사는 중국 정부에 의해 중점 문화재 보호구역으로 지정된 사찰입

니다. 5급 관광구역에 해당한다고 합니다. 타얼사는 역사, 문화적 가치를 인정받아 1990년대 이후 정부 지원으로 각종 문화재를 보호하는 사찰로 운영되었고 1990년 이후 정부에서 타얼사에 큰 관심을 가지기 시작했습니다. 특히 타얼사의 문화재를 보호하고 티베트 문화 계승과 홍보는 물론 불교행사에도 지원을 받고 있다고 합니다. 수행에 집중할 수 있도록 이 사찰에 의료보험 등 스님들에 대한 지원도 아끼지 않고 있다고 합니다.

중국 정부의 정책에 따라 사찰 내 스님의 수가 800명으로 제한되어 있으며 스님의 선발 과정도 매우 엄격하게 운영되고 있다고 설명했습니다. 스님이 승병으로 병기화하는 것을 미연에 방지하려는 정책으로 공산주의 속에 종교생활이라는 이념으로 중국정부의 국경 보호와 통치 이념 사상이 결집된 단체로 변모시키는 곳에 포교를 목적으로 하는 종교생활을 권장한다고 합니다.

중국 정부의 영향을 받지 않았던 시절 1990년 이전 토번의 나라, 티
베트의 나라였던 시절, 승려들의 숫자가 많았을 때는 3,000명에 이르
렀다고 합니다. 이 많은 승려들이 집단화하고 그들에게 종교적인 이념
과 신앙심에 대한 종교적인 분쟁으로 갈등을 심화시켰을 때 3,000여 명
의 승려들을 세력화하였을 때 승려들은 사회에 대한 책임도 없고 생활
의 뿌리가 없는 누구의 보호와 책임지지 않는 단순한 승려는 어느 때에
라도 병기화할 수 있던 것을 원천적으로 봉쇄하기 위해서 승려들의 숫
자도 제한하고 선발된 승려에게는 기득권을 부여하는 차원에서 의료보
험의 혜택을 준다는 등 차별화하는 의미에서 행동을 하지 못하도록 제
약하고 주기적인 불교법회에 참여하는 의무조항을 둠으로써 근황을 파
악하고 온갖 혜택을 차등화하여 중국 정부로부터 제공받도록 하여 계
급화함으로써 통제한다는 것은 공산주의의 종교에 대한 탄압의 일환으
로 보여집니다.

중국은 동북 3성(헤이룽장성, 지린성, 랴오닝성)의 2002년부터 시도한 동북아공정(東北工程)에 효과로 중국 국경 안에서 전개된 모든 역사는 중화(中和)화하여 중국 역사를 만들기 위한 것으로 시도되어 오늘날 중국화 된 것 같이 서역 쪽에서도 가장 중요한 티베트는 인도와 국경분쟁으로 첨예한 대립으로 맞닿아 있는 지역적인 특성으로 동북아공정과 비슷한 이념으로 서역아공정(西域亞公程)을 시도하여 티베트의 지도자 달라이 라마는 망명 중이고 티베트는 중국의 자치국이나 다름없이 통치되어, 맞닿아 있는 인도와 첨예한 국경 분쟁지대의 완충지대로 세력화하여 관리되고 있었습니다.

티베트를 중국화 하기 위해서 중국의 특유한 인해전술로 티베트와 북경과 이어지는 철도(칭짱열차)를 건설하여 문물을 소통함으로써 한 울타리 속의 경제권으로 만들어 한족을 대거 이동하여 중국화 되었음을 경험하였습니다.

지난 2014년 히말라야 여행 시에 공항이나 철도 등 모든 것이 국유화되어 중국 여권이 통용되었음을 볼 수 있었습니다. 여행 자체도 중국과 협업하지 않으면 여행하기 불편하게 구조적으로 만들어 티베트를 여행하기 위해서는 중국에 의존하게 함으로써 통치권을 대행하는 것같이 친중국 쪽으로 우선하여 자연적으로 중국화 되도록 제도화되어 있었습니다.

이로 인하여 자전거 여행객에게는 티베트나 중국이나 어느 나라가 통치하고 있든 상관없는 일이지만 그로 인하여 보안 검색이 철저하고 자연스러워야 할 여행인에게 규제가 철저히 많은 것이 한두 가지가 아니었습니다.

가장 불편하게 느끼는 것은 주거의 자유였습니다. 숙박소에 신상에 대한 모든 것을 기재하고 공안원에게 검열을 받고 다음 숙박소에서는 전입신고 하여 이동하는 동선이 노출될 수 있도록 하여 항시 행동을 감시 받는 불편함이었습니다.

타얼사 삼절(塔尔寺 三绝)

타얼사의 세 가지 명물이 있다 합니다.

불전(佛殿)에 장식된 '두이슈(堆绣)'와 '벽화', '쑤여우화(酥油花)'를 '삼절'이라고 합니다. 쑤여우화는 규모가 크고, 내용이 다채로워. 매년 음력 정월 15일에는 라마들이 직접 그린 쑤여우화를 전시하는 '쑤여우화덩후이(酥油花灯会)'가 열린다고 합니다. 일종의 불화 전시회인 것으로 이해가 됩니다.

타얼사 내부 곳곳에는 벽화가 있습니다. 벽화의 염료는 천연석질의 광물을 이용해서 색이 산뜻하고 오래 지나도 색이 변하지 않습니다. 라마교(喇嘛教) 화파에 속하며, 다양한 색조와 세심한 공예가 눈에 띕니다. 두이슈(堆绣)는 독창적인 티베트족 예술의 일종입니다. 각양각색으로 염색한 섬유를 잘라내어 만든 각종 불상, 인물, 화초, 짐승 등을 표현하고 있습니다. 그리고 양털 혹은 솜과 같은 소재를 안에 넣어 천에 수를 놓기도 합니다.

타얼사는 티베트 불교의 최대 종파이자 달라이 라마가 속한 겔록파를 창종한 종카파 대사의 탄생 성지로서 각별함을 더합니다. 특히 종카파 대사는 『보리도차제광론』을 통해 티베트 불교의 수행체계를 집대성했기에 티베트 불교의 중흥조라 여겨지고 있습니다.

종카파 대사 탯줄에서 떨어진 한 방울의 피로 보리수가 자라났고, 대사의 어머니는 부근에 탑을 세우고 중창해 사찰명 또한 '타얼사'가 되었다고 전해집니다. 1560년에 설립된 타얼사는 티베트와 중국 미술이 결합된 뛰어난 예술성을 자랑하며, 부처님의 공덕을 기리는 '팔보여의탑'를 비롯해서 벽화와 비단, 기름 꽃의 세 가지 보물을 간직하고 있습니다.

티베트 불교의 팔보

- 묘련(妙蓮) : 부처의 혀[舌]. 연꽃 모습에서 수련을 통해 도달하는 최종의 목표라는 의미.
- 보산(寶傘) : 부처의 머리[頭]. 양산(陽傘)으로 불타의 권위
- 법라(法螺) : 부처의 말씀[說]. 소라 껍데기로 만든 악기로 법회 때 취주하던 법라(法螺)를 이르며 불타의 말씀, 석존의 설법이 사방에 전함을 나타냄.
- 금륜(金輪) : 부처의 발[足]. 법륜(法輪)을 말하는데, 원래 인도의 병기로 수레바퀴 모양에 팔방에 봉단이 나와 있으며, 전륜왕의 금륜이 산과 바위를 부수고 거침없이 나아가는 것에 비유하여 부처님의 교법을 가리킴.
- 승리당(勝利幢) : 부처의 몸[身]. 고대 인도 군기(軍旗)의 일종으로 번뇌를 이기고 승리하는 것을 나타냄.
- 보병(寶瓶) : 부처의 목[喉]. 법구(法具)를 담는 그릇으로 영혼의 영생불사를 나타냄.
- 금어(金魚) : 부처의 눈[目]. 불화(佛畵)에 등장하는 한쌍의 물고기로 해탈한 경지, 다시 소생함, 영생, 재생의 뜻을 나타내며, 금어의 눈동자가 혼탁한 물속을 투시하므로 혜안(慧眼)을 나타내기도 함.

• 길상결(吉祥結) : 부처님의 뜻[意]. 매듭 장식인데, 불교에서는 우주 만물의 이론과 철학을 담은 것으로 해석하여 팔보란 추려서 말하면 혀[舌], 머리[頭], 말씀[說], 발[足], 몸[身], 목[喉], 눈[目], 뜻[意].

부처님의 육신과 사상의 일체를 말하듯 하여 자전거 여행객에게는 허울뿐이었습니다.

장문화관(藏文化館). 우리나라의 서낭당과 같은 것으로 몽골의 '오보'에 해당하는 마니퇴입니다. 돌에 염원을 새겨 모아 쌓은 돌 무더기로 KBS 다큐멘터리 〈차마고도 제2편 순례자의 길〉에 소개된 적이 있었습니다.

오색룽다가 걸려 있는 마니퇴가 놓여 있고 그 위에 우리의 여행의 상징물인 현수막을 올려놓았습니다.

타얼사 올라가는 계단을 밟고 올라가기에 망설여졌습니다. 누구의 공덕으로 쌓였는지 새 발자욱도 없는 그 길을 우리가 먼저 올라가기에는 앞에 걸려 있는 룽다에게 죄를 진 것 같았습니다.

〈오색 깃발 룽다〉

하늘(청)은 용감하고 총명함이요
구름(백)은 순수와 청순함이요
불(홍)은 번영과 맹렬함이며
물(녹)은 부드러움을 이르네
땅(황)은 인자함과 지혜로움이라

2014년 히말라야 자전거 여행 시 티베트에 도착하였을 시 첫 번째로 삼보일배를 하는 스님이나 수도하는 사람을 쉽게 볼 수 있었습니다. 삼보일배는 세 걸음을 걷고 한 번 절하는 행위입니다. 이런 행위를 길에서도 쉽게 볼 수 있는 걸 보니 이들은 어떤 곳이든 사람이 사는 곳이라면 장소를 불문하고 수행하는 도장으로 여기는 것 같았습니다. 어떤 때는 옆으로 가면서 하는 삼보일배도 보았습니다. 처음에는 장소 때문에 자신의 진행 방향을 바꿔서 옆으로 가는 줄로만 알았습니다.

장소와 시간에도 구애됨이 없이 옆으로 가는 삼보일배도 있다는 것을 한참 후에야 알게 되었습니다. 겉으로 보이기에는 진행 방향이 좌측이든 우측이든 상관없다는 것은 피안의 세계를 향한 시선이나 목표는 변함이 없다는 성스러운 행위가 보는 이로 하여금 많은 것을 생각하게하여, 그 뜻을 어렴풋이나마 짐작할 수 있었습니다.

그때 처음으로 보는 것이라 나름대로 생각해본 것을 억지로 붙인 의미인지는 모르겠지만 구득자들이 피안의 세계에 도달하려는 인내와 절제는 끝없이 엎드리는 겸허함으로 이뤄진 숭고한 행위라는 생각이 들었습니다.

자전거로 하는 삼륜일배(三輪一拜)

자전거는 세우면 넘어진다는 생각에, 넘어지지 않으려고 계속해서 굴리다 보니 자전거를 타게 되었고 그 위에 제 육신을 얹어 놓다 보니 자연스럽게 여행을 즐기게 되었듯이 자전거 위에서 자연스럽게 할 수 있는 삼보일배와 오체투지를 생각해보게 되었습니다. 삼보일배의 깊은 정신은 모르면서, 그 행동이라도 흉내를 내보고 싶은 마음에 자전거를 타고 달리면서 삼보일배를 행동으로 옮길 방법을 궁리하게 되었습니다.

자전거 페달은 두 발 밑에 있는 것이니까, 수행자가 한 발자국을 옮기는 것을 자전거로 한 바퀴 돌리는 행위와 같다고 여겨졌습니다. 즉 자전거 타기에서는 세 바퀴를 돌리는 것이 수행자의 삼보하는 것과 동일한 것이라고 생각해보면, 일배란 지나는 발자취를 옮겨놓을 때마다 경건한 마음을 가지고 감사를 드리는 마음입니다. 이렇게 생각해서 자전거 타기에 바퀴를 세 번 돌리는 것과 수행자들이 하는 삼보일배와 행위 자체는 같은 동작이라고 본다면 뜻에는 못 미치지만, 마음의 수양으로는 유사하게 행동할 수는 있다고 생각했습니다.

수행자들이 행하는 삼보일배를 관찰해보면 예비 동작으로 삼보를 전진한 후에 일배를 합니다. 나도 자전거를 타고 가면서 예비 운동으로 자전거 바퀴를 세 번 돌린 후에 일배한다는 마음을 가졌습니다. 자전거 바퀴를 세 번 힘내어 밟고 한 번 숨을 가다듬는 삼륜일배(三輪一拜)로 그런 마음으로 전진하면서 목적지에 다가서보니, 앞을 가로막던 오르막길도 그리 어렵지 않게 오를 수 있는 기쁨도 함께 얻었습니다. 이제부터 '하나, 둘, 셋!' 구령을 붙여 걸어가듯이 자전거를 타기 시작했습니다. 그 구령이 나만이 가진 성경이며 불경이자 코란이라 생각했습니다.

첫 번째 바퀴를 굴리면서는 참는다는 뜻으로 '인내야!'를 부르고, 두 번째 바퀴를 굴릴 때는 '믿음아!', 세 번째 바퀴를 굴릴 때는 '사랑아!'라고 구령을 붙였습니다. 단순한 숫자 '인내, 믿음, 사랑'을 외치면서 달렸는데, 신기하게도 자연스럽게 리듬까지 생겨났습니다.

이후에는 자전거 안장에 엉덩이만 살짝 얹어도 이 세 구령(인내, 믿음, 사랑)이 부르지 않아도 자기들이 먼저 알아서 항렬대로 올라 타려는 느낌을 받았습니다. 그러하다 보니 한 바퀴, 두 바퀴, 세 바퀴가 삼륜이 되어 마음을 다스리는 구령이 되어 그것이 나만의 부르는 구령이 되어 삼륜일배(三輪一拜)가 되어 버렸습니다.

삼륜일배의 또 다른 장점은 안정적인 속도를 유지할 수 있는 기반이 생겼다는 것입니다. 빠르지도 않고 그렇다고 느리지도 않는 속도로 부르는 이름에 뜻을 되새기면서 나만의 힘과 나 혼자만의 리듬으로 가다 보니 항상 안정적으로 진행할 수 있는 리듬이 생겨 제 분수에 맞춰 다닐 수 있어 좋았습니다. 이런 체계에 적응이 되다 보니 세 가지 구령을 급하게 부를 일도 없어 자전거를 타는 일도 항상 여유로워 더 안정적으로 탈 수 있었습니다.

자전거 타는 행위는 둥근 자전거 바퀴를 굴리는 것이라서 둥근 염주를 굴리는 것이나 경전을 새긴 둥근 마차를 돌리는 행위는 모두 자전거 바퀴처럼 원을 그린다는 뜻과 같은 행동이라고 스스로 의미를 부여하여 108 염주나 손으로 들고 돌리는 경전이 새겨진 둥근 마차와 같이 둥근 원이 크고 적다는 모양의 차이뿐이지 다 같은 원통형으로 오늘도 염주와 같은 바퀴를 굴리기 위해 안장 위에 오릅니다.

룽다의 종류

고갯마루마다 오색 경전 룽다가 바람에 펄럭이고 어김없이 풍마(風馬)가 나부끼는 동구 밖 풍경(諷經) 앞에 집집마다 지붕 위에는 바람에 나부끼는 룽사워를 감싸고 있었습니다. 바람에 흔들리는 오채경번(五彩經幡)은 마을마다 우뚝 솟아 있는 하얀 불탑 위에도 휘날리고 있었고, 오체투지 고행으로 가는 손수레 위에도 휘날려 어디든지 어떤 길 위에서든지 바람에 나부끼는 룽다는 우리들 가는 길 위에서도 응원하듯 나부꼈습니다.

룽다는 지형지물의 언덕 위, 나뭇가지 위, 지붕 위라든가 돌출된 곳에 설치할 수 있지만 호수나 바다에는 어떻게 설치할까 하는 궁금증에 여러 모습을 찾아 봤습니다.

호숫가 룽다

늪지대의 룽다

도로 협곡 위의 룽다

　다섯 가지의 의미를 나타내는 오색(청, 백, 홍, 록, 황) 깃발의 룽다는 규격화되지 않고 자연 속에 무차별적으로 난무하게 설치된 것같이 보여질 때 환경론자나, 건물의 외벽에 무질서하게 나부끼는 모습을 볼 때 시각적으로 아름다운 미적 감각을 중히 여기는 사람에게 거부감이 있어 어떻게 보여질지 의문시되었습니다.

제3장

머위엔에서(사막의 달밤)

먼위엔(Ményuán, 門源)이라고 불린다고 합니다. 칭하이(청해: 靑海) 성의 작은 현인 먼위엔의 유채밭은 산시성의 한중, 윈난성의 뤄핑과 함께 중국의 3대 유채 재배지로 유명합니다.

이곳 먼위엔은 중국에서 겨울이 가장 늦게 찾아오는 곳으로 유채의 개화시기는 8월~9월입니다. 우리가 그곳에 갔을 때에는 늦게 개화한 유채꽃 길이 백 리(40km)나 되는 좁고 긴 분지 위에 심어진 유채군락이 청보리밭과 어우러져 노랑색과 초록의 멋진 모자이크 패치를 연출한것을 푸른 청해호까지 시기하듯이 배경색으로 받쳐주는 그림은 누가 일부러 연출한다 하여도 이렇게 아름답게 채색할 수 없을 것이라 생각들어 그 보기 어려운 광경 위를 자전거로 달렸습니다. 아무리 힘든 길이라도 이런 길이라면 영원하였으면 좋겠습니다.

우리들의 잠자리(텐트) 한 층의 색깔을 보태어 오중주가 되었다

자연스럽게 배합된 자연환경 속에 우리들의 잠자리인 천막도 한 층을 거들다 보니 5층의 절묘한 색채를 이룬 모습이었습니다. 1. 파란 하늘 밑에 2. 하얀 설산 3. 그 밑에 파란 청해호가 배경색으로 받쳐준 것에 4. 건너편에 노란 유채꽃밭, 5.그 한가운데 다양한 색깔의 천막이 쳐져 있는 것이 오중주였습니다.

낮 기온은 15~20도라 자전거 타기에는 아주 적당한 날씨였지만 밤 기온은 청해호가 인근에 있고 특히나 고비사막 지대라 밤과 낮의 기온 차이가 심하게는 20도가 되어 밤 기온은 영하로 떨어질 때도 있다고 합니다.

자전거 여행은 제대로 월동 장비를 갖추고 준비해야 하는데 무게에 민감하다 보니 그 힘을 아끼려고 가볍게 장비를 챙겨 오다 보니 추위에 얼어 죽을 듯하게 되어 밤마다 새벽을 기다리는 옹졸함을 보이게 되었습니다. 밉다고 집 떠난 지 한 달이 되어 가다 보니 체력도 바닥이 나서 이제 버틸 만큼 버티어 한계점에 왔는데 하필이면 오늘 따라 사막 위에 달은 왜 그리 밝습니까?

아침에 머리에 수건을 두른 밉지 않게 생긴 아낙네가 어린아이를 앞세우고 우리들 잠자리인 텐트에 방문했습니다. 김이 무럭무럭 나는 물 주전자를 들고 수줍은 모습으로 우리 천막촌에 찾아주셨습니다. 무엇이라고 말을 하나 알아듣지 못하였으나 시늉은 뜨거운 차를 대접하겠다는 뜻인 것 같았습니다.

우리가 이곳에 올때 둘러보아도 가까운 곳에 인가가 없는 것으로 알았는데 어디에서 오셨는지 이곳까지 어린아이를 데리고 와서 궁금하였으나 우선은 뜨거운 물 한잔에 밤새 얼었던 몸이 녹아 감사하였습니다. 그 아낙네도 사람을 알아보는지 저에게 먼저 왔습니다. 제 유연한 몸짓으로 인사를 하고 엄청 고마워서 어제 타얼사에서 받았던 기를 전수하는 뜻에서 합장으로 답례하였습니다.

다정다감한 만소 님은 자기의 비상식량으로 꼬불쳐 놓은 초코파이를 어린이에게 주니 어린아이는 처음 보는 것이라 그 자리에서 먹는 방법을 가르쳐주니 신기해 했습니다. 신기해 하는 것은 아주머니도 어린아이와 같았습니다.

몸의 균형과 피부 색깔로 봐서 서구인과 같았습니다. 터키계인 위구르족으로 그 민족은 미인이 많다고 한 말을 실증이라도 한 듯합니다. 우리들이 직접 현지 주민과의 만남은 시장통에서 물건을 구입할 때나 거래상으로 만나 보는 것으로 했는데 이렇게 예상하지 않는 방문으로 가슴이 따뜻해집니다. 따뜻한 차 한 잔 그 이상이었습니다. 아름다운 미모의 여인에게 차 한잔을 받고 보니 고향에서 무사한 여행을 빌어주는 가족들이 생각나게 됩니다.

사막 위의 달밤은 집 떠난 지가 한 달이 넘었으니 집 생각도 날 때가 되었겠지만 저는 오늘도 추운 밤을 지낼 것을 생각하니 더 걱정이 되어 집 생각에 앞서 새벽을 더 기다릴 것 같았습니다.

사막의 달

고비는 사막만 아니고 초원도 있고
끝없이 펼친 평원과 늪도 있어

모래 사막 위에 쏟아지는 별빛. 밝다 못해 차겁게만
느껴지는 달빛도 있다지만

추위에 떨고 있는 나에게는 별빛도 달빛도 아닌
따스한 햇살이 기달려지는 사막의 긴 밤이었습니다.

해야 솟아라… 해야 솟아라.
말갛게 씻은 얼굴 고운 해야 솟아라

주문을 외우며 새벽을 기다리는 추운 고비의
밤이었습니다.

새벽이 되고 나니 야… 이제 살았다 하였지만
또 다른 이런 밤이 있다면

또 다시 이런 밤이 기다려질 것 같은 것은
무슨 심보일까요…?

팔
순
바
이
크

　초저녁은 지낼 만하였는데 밤이 깊어질수록 추위가 더 엄습해옵니다.
밤 새워 떨었더니 머리도 휑 해지고 뱃가죽도 등에 붙어 추위를 가중시
켰습니다.
　누구 말처럼 닭 목을 비틀어도 새벽은 온다고 했습니다. 오늘 아침 만
소 님이 그동안 닦았던 살림의 지혜를 유감없이 발휘하였습니다. 어제
저녁밥을 넉넉하게 하는 것에 깊은 뜻이 있었습니다. 뱁새가 봉황의 뜻
을 어찌 알리요?

남은 밥에다가 청해호 맑은 물을 넉넉하게 붓고 끓이는 구수한 밥 삶는 냄새는 맡기만 해도 밤새 웅크리고 있던 몸이 풀어지는 것 같았습니다. 유채꽃 향기 속에서 먹은 구수한 아침 밥상은 온몸을 녹여주는 청량제였습니다. 무슨 말이 필요 없고 무슨 반찬도 필요 없었습니다.

　이러한 밥상은 두 번 먹어서는 안 될 밥상이었습니다. 이런 아침 밥상을 받기 위해서 '밤새워 소쩍새는 그렇게 울었나 보다'였습니다.

제4장

티베트고원. 청해호 가는 길

팔
순
바
이
크

  탱이 님이 이제까지 무사히 버텨준 것이 고맙고 대견하였습니다. 우리 몰래 몇 번의 심한 고통을 겪었다는 것을 다른 동료는 모르고 넘어갔지만 병력을 아는 저는 편안하게 지낼 수 없어 그동안 몇 번인가 창백한 얼굴을 대할 때가 있었지만 동료들이 눈치챌까 봐 제가 아는 체할 수도 없는 입장이라 가슴만 아렸습니다.

  처음에 탱이 님이 칭다오를 출발하기 직전에 저에게 부탁이 있다고 해서 요구사항을 부탁받은 적이 있었습니다. 다른 모든 것은 단체생활에 적응해 나가겠지만 때에 따라서 잠자리와 식사할 때 다소 편의를 봐줄 것이 요구사항이었습니다. 편의란 별다른 것이 아니고 단체 생활에 벗어나 자기 마음대로 때에 따라서 식사도 함께 하지 못하고 잠자리도 자기 나름 대로 처리할 것이라고 하면서 지나친 관심을 가지지 않았으면 좋겠다는 말이었습니다. 아마 투약 시에 참기 힘든 고통스러운 시간을 자기 혼자만이 감내해 나가겠다는 뜻인 것 같았습니다.

　아무리 숨기려고 해도 한 달이 넘어 가니 이런 사정은 모르고 우선은 불만을 가진 친구가 있었습니다. 그 친구는 표정으로만 그런 것 같고 별다른 불편한 심기는 보이지 않았습니다. 특별하게 단체 생활에 불편은 끼친 적이 없고 해서 각자가 여행 중에 자기 앞가림도 하기 바쁜 처지라 깊은 관심을 가지지 않아 내용은 모르고 무난히 넘어가게 되었습니다. 그렇게 무관심하게 봐주시는 것이 오히려 고마웠습니다. 심각한 병세인 줄은 모르고 일시적인 감기나 배앓이 정도로만 알고 걱정스런 눈으로만 보았습니다.

　누구나 장기간 여행 중에는 일시적으로 컨디션이 나쁠 때가 한두 번 있습니다. 모두 겪은 일이라 그렇게만 알고 이해하는 것 같았습니다. 처음부터 여행에 참가할 때 그런 무겁고 심각한 중병을 가지고는 참가할 수 없는 것이 일반적인 견해라 동료들은 탱이 님이 그런 시한부적인 심각한 중병을 안고 이 여행에 참가한 것이라 생각지도 못했습니다. 다만 일시적인 증상이라 알고 정상적인 컨디션이 되기를 염려하는 수준이었습니다. 그런 가운데 탱이 님은 혼신의 힘을 다하여 역전의 용사답게 잘 견디어 나가고 있었습니다. 생에 마지막 여행길이 될지도 모르는 절박한 시간 속이라 조금도 굴하지 않고 내색 없이 그때 그때를 잘 참고 나가는 모습은 역시 관록이랄까 정신력이랄까, 애써 힘쓰는 모습은 옆에서 보는 제 마음은 또 다른 고통을 이겨나가는 여행길이 되었습니다.

자전거 타고 다니면서 가장 거추장스런 화물은 물이라 하겠습니다. 가장 무거우면서도 가장 필요한 것이 물이라 지참하지 않으면 안 되는 필요악과 같은 물건이었습니다. 대형 물병이라도 6시간마다 보충해주지 않는다면 갈증으로 인해 주행 자체를 할 수 없게 됩니다. 자전거 타는 운동은 성격상 물은 항상 지참하고 있어야 마음 편하게 갈 수 있는 특별한 운동인 것 같습니다. 다른 운동보다 물 소비량이 많은 것은 스치는 바람에 휘발성 때문이 아닌가고 생각하지만 특별나게 이곳이 건조한 것이 원인이기도 합니다.

그렇다면 물을 가지지 않고 갈증을 참는 쪽이 더 좋을까요, 무게를 감당하더라도 휴대하고 가는 편이 더 유익할까요? 이렇게 저울질해볼 때 저는 갈증을 참는 쪽으로 결정합니다. 갈증을 참는다는 것은 나 개인적인 고통이지만 무게에서 오는 피해로 단체로 하는 라이딩에 뒤떨어져 팀 운동에 폐를 끼치면 늦으니까 어쩔 수 없다는 핸디캡은 피해보겠다는 생각으로, 물을 아예 지참하지 않고 다닙니다.

그것도 알게 모르게 갈증을 참는데 신체상으로 적응이 되어 잘도 참고 다닙니다. 이제는 신체상으로 잘 적응이 되어 쉼 자리에서 동료들이 물 먹을 때는 자리를 피해줘야 하는 부담만 가지면 되었습니다.

이곳은 청정지역이라. 치롄산맥의 산 위는 하얗게 눈으로 덮여 있어 눈 녹은 물은 언제나 가까이 있는 것으로 간주하고 물이 귀하다는 것을 모르고 잘 지내오다가 청해호 가까이 오면서부터 물에 대한 신경을 써야 했습니다. 청해호는 염수라 염분 처리가 되지 않아 식수로 부적합하여 별도록 물짐을 더 꾸리고 다녀야 했습니다.

오늘은 마침 우리들이 잠자리인 청해호 인근에서 야영할 계획이라 가는 도중에 사막의 오아시스를 만나게 되어 물 걱정은 하지 않아도 되었습니다. 우물의 깊이가 10m나 되어 모래 먼지만 잘 걸러내면 훌륭한 식수가 되었습니다.

사막이라 하였으니 지도 속에 아무것도 없었습니다. 214km 가는 길에 입간판 2개가 우리들을 안내하는 것이 전부였습니다.

인촨을 떠나서 산을 하나 넘고는 텅거리사막으로 바로 들어섰습니다.

몽골리아와 국경을 이루는 고비사막이라고 분류되었지만 지적도상에 아무것도 기록이 없었고 가도 가도 사막의 길이라는 것만 실감했습니다.

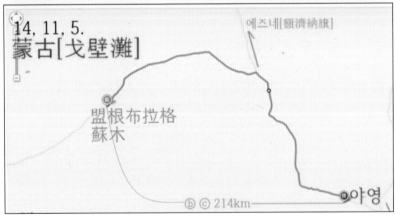

바단지린(Badain Jaran)사막의 크기는 44,300km로 넓이가 상상이 되지 않았습니다. 지적도상 214km 가는 길에 아무것도 볼 수 없는 황

량한 모래바닥 위의 길이지만 자전거 타고 가는 길은 별 문제가 없습니다. 누가 감히 사막길 위로 자전거를 타고 다니는 사람이 있을까요. 이 사막길은 황량하여 무주공산 길이 되어 편안하게 왔다고는 하지만 실상은 그렇지 않았다는 것에 문제가 있었습니다.

그 사막 가운데서도 염(鹽) 호수가 40여 개가 있고 고비의 5절[絕](기봉[奇峰], 명사[鳴沙], 호박[湖泊], 신천[神泉], 고묘[古廟])이 있다고 합니다. 이야기로만 들었습니다.

청해호를 이야기할 때 다반산 터널(3,793m)을 통과하여 분지 위에 이룬 마을을 거쳐야 했는데 현 먼위엔(门源)은 평균 해발고도 2,800m나 되어 전형적인 홍토 고원 위에 이룬 유채는 자생적으로 이룬 것이 아니고 농작물로 재배한 것이라 합니다. 유채밭의 면적은 현재 제주도의 약 200배에 달한다고 하니 그 면적은 상상을 초월하였습니다.

유채꽃이 피는 시기는 7월부터 8월까지가 성수기로 우리가 방문한 시기로 보면 늦은 감이었으나 늦게 피는 유채도 있어 끝없는 유채꽃밭을 한없이 달려 봤습니다.

이곳의 3절이란 '먼위엔의 유채꽃밭'과 '티베트 불교의 성지 타얼사'와 '푸른 바다와 같은 청해호'를 3절이라 하였습니다. 문화의 도시와 떨어진 사막의 한가운데 있는 곳이라 일반 여행객에게는 접근하기 쉽지 않는 곳에 있어 우리같이 자전거를 타고 다니는 여행객에게만 공개된 최고의 여행지라 생각듭니다.

3절이 위치한 거리도 자전거 여행객에게는 딱 알맞은 거리에 자리 잡고 있었습니다. 오늘은 청해호 호반 근방에 잠자리를 찾아야 하니 저에게는 3절(節)이 3고(苦)였습니다.

첫 번째로 3절이 위치하고 있는 지점간의 거리가 100km씩 떨어져 있어 피할 수 없는 승부처가 됩니다. 가볍게 지니고 다녀야 된다고 하는 라면이 그간의 먹거리가 되어야 한다면 그것은 어떻게 참을 수 있다고 하지만 추위 속에 밤을 밝히는 것은 허접한 먹거리에 모래 먼지 속의 끝없는 라이딩에서 오는 고통과 겹쳐서 3고(苦)가 아니고 쓰리고(three go)에 피박에 광박까지 쓰는 격이 되었습니다.

세 곳 다 우리들은 일정을 맞춰 들러보고 갈 수 있는 위치에 있어 오늘은 두 고원지대에 해발 3,200m, 하늘과 가장 가깝게 맞닿은 곳에 제주도 2배 크기의 호수가 눈앞에 펼쳐진 청해호에 도착하여 잠자리부터 찾아야 했습니다.

청해호의 유채밭과 암드록호 호수와의 비교

첫 번째 방문지는 4,000m의 고원의 설산을 지나 목탁 소리와 향 냄새가 짙은 티베트의 불교의 성지 타얼사를 들러보았고 그곳에서 60km을 지나면 두 번째로 맞이하는 사막의 촉박함과 공존하는 부드러운 유채꽃밭을 만나게 됩니다.

그곳에서 유채의 향기에 취하여 지내다 보면 하루가 금방 지나고 그곳에서 다시 30km~50km을 유채꽃밭 길 사이로 달려 가다 보면 세 번째로 맞이하는 하늘과 맞닿은 청해호를 만나게 되었습니다. 이 세 가지가 한 평면상에 자전거로 다니기에 알맞은 거리에 위치하고 있다는 것은 조물주가 만들어준 천혜의 입지로 이 지구상에 몇 안 되는 자연의 보고였습니다. 우리 여행팀에 기획에 천재인 준프로가 3일간의 가장 멋있는 코스를 디자인하라면 이렇게 할 것 같아서 그 님이 인도한 것 같았습니다.

이곳과 비슷한 어쩌면 아주 이곳과 흡사하게 닮은 곳을 또 한 번 경험한 적이 있었습니다. 2010년 자전거로 하는 여행 히말라야를 탐험 시 암드록호 호수(Yamdrok yumtso lake)가 그곳이었습니다.

호수가 있는 곳의 표시석의 고도가 5,190m로 되어 있어 지상에서 가장 높은 위치에 있는 호수로 음악에만 5중주가 있는 줄 알았는데 이 호수 역시 풍경이 5중주가 이루어져 있었습니다.

1. 파란 하늘 속에 흰 뭉게구름

2. 그 밑에 우뚝선 산

3. 그 산세 아래 파란 하늘을 머금고 있는 호수

4. 호수 건너편에 운집한 하얀 양떼들과 목동들

5. 수평선 너머 한 시야에서 보이는 다섯 층으로 5중주의 그림이 환
   상적이었습니다.

들판이나 완만한 경사지에는 예외 없이 야크나 염소 또는 양떼가 망태를 두른 소년의 몰이에 따라 무리를 지어 풀을 뜯고 있었고. 라사, 시가체와 같이 온통 잿빛과 희고 붉고 검은 무늬의 풍경과는 다르게 총 천연색 자연이 펼쳐졌습니다. 하늘은 한 점 티 없이 너무나 맑고 선명해서 둥실둥실 떠가는 구름은 가벼운 새털같이 피어오르는 한 폭의 그림이었습니다.

그곳에 못지 않다고 보여지는 청해호의 5중주
1. 파란 하늘이 품고 있는 흰 구름
2. 그 아래 흰눈으로 자취를 감추고 있는 설산
3. 설산의 그림자를 드리워놓은 푸른 바다와 같은 청해호
4. 그 아름다운 모습에 재를 뿌리려는 듯이 다가서 있는 모래 언덕
5. 이 모든 것을 향기로 감싸려는 듯한 유채꽃밭, 그 밭 한가운데 5세대의 텐트

청해호

물 빛깔은 하늘 빛을 그대로 품어 영롱하고 오묘한 색감에 감탄이 절로 나옵니다. 연거푸 사진을 찍지만 이내 포기합니다. 눈길 닿는 모든 곳의 푸름을 사진에 담을 수가 없음을 이내 깨닫게 됩니다.

경이로운 자연 앞에, 인간이 알량한 제주와 현대 문화의 이기인 성능 좋은 카메라로 그 광경을 담는다는 것은 처음에는 어찌하여 보려고 제주를 부려봤습니다. 한참을 지나고 나서야 '내가 무슨 짓을 하는 것이

지?' 부끄러운 생각을 가지게 되어 '바늘구멍만 한 작은 구멍으로 무한
한 우주를 어디를 어떻게 하려고 한 것이지?' 우매한 저 자신이 부끄러
워 카메라를 내려 놓고 말았습니다. 가능한 제 눈 속이나 가슴속에라도
푸른 호수 위에 흘러가는 구름 한 조각 유채꽃 한 잎이라도 더 담아 보
려고 노력한 것이 무모한 짓이라는 것을 알고 대자연 앞에 인간의 한계
를 체념해 보았습니다.

　칭하이의 평균 해발고도는 3,000m가 넘습니다. 산맥은 팅구리산맥,
쿤룬산맥 등이 포함됩니다. 연평균 기온은 1월 평균기온은 −18~−7도
이고 7월 평균기온은 5~21도입니다. 2월부터 4월까지는 모래폭풍과
같은 강한 바람으로 자전거 여행에는 무리가 따르고 기온이나 강우량
으로는 7월부터 10월 초순까지 최적기라 생각이 들어 우리가 온 시절이
좀 늦은 감이 들었으나 밤과 낮 사이의 기온의 차이만 감당하면 지낼 만
했습니다.

칭하이성은 신장, 티베트, 내몽골과 같은 자치구를 제외하고 중국에서 가장 큰 성이며 칭하이호는 중국에서 가장 큰 호수(염수호)입니다. 칭하이성이라는 이름은 칭하이호(청해호)에서 기인된 것이라 한 것만치 서역의 상징이라 할 수 있었습니다.

청해호가 생성된 원인은 두 가지 학설이 유력하게 이야기가 되고 있는 것으로 알고 이곳에서 보았던 현장 체험으로 수집한 정보를 이곳에 옮겨 놓으려 합니다. 칭하이성 칭장고원에서 발원한 황하는 동쪽으로 나아가다 중국의 북서부에 위치한 칭하이성으로 평균 해발고도가 3,100m인 칭장고원의 청해호로 들어가서 중국의 5대호 중의 하나로 중국어로 푸른 바다라는 뜻을 가진 호수로 담수호가 민물이 아닌 짠 물로, 처음에는 담수였는데 그때는 청해호의 물길이 황하로 연결되어 사방으로 지류가 생겨 담수되는 역할을 했는데 나중에 청해호 동남쪽으로 일월산이 융기를 해서 지각변동이 생기고 염분이 흐를 곳이 없어 폐색호가 되어서 염도가 증가하고 결국 염호가 된 원인이기도 합니다. 또 한편으로는 인도판과 유라시아판이 충돌하면서 융기해서 튀어나온 부분이 히말라야 산맥의 에베레스트산이 되고 낮은 협곡 부분이 청해호가 되었다는 설이 있어 후자의 설이 과학적인 근거를 둔 것이라 무게를 더 두는 것 같습니다.

청해호 안에 이랑검풍경구라는 조그만한 모래 섬이 있었습니다. 경치가 좋아 이곳에 온 관광객들은 한 번씩 발걸음을 한다고 합니다.

전설로서는 천궁에서 소란 피우던 손오공을 잡으러 왔다가 칭하이후를 만든 이랑신이 만든 모래언덕이 관광명소인 풍경구가 되었다고 합니다. 큰 호수에는 섬 안에 섬이 자연발생적으로 생기는가 봅니다. 러시아의 바이칼 호수도 섬 안에 섬인 알론섬이 있었던가 하면 캐나다 온타리오의 호수은 여러 개의 섬을 두고 있지요. 아래의 모래섬(이란검풍경구) 모래톱은 넘어가는 저녁 햇살이 붉은 색깔을 받아 모래색이 유난하게 붉은색을 띠고 있지만 호수와 접해 있는 모래톱의 색깔은 검고 푸른 색깔에 그 위에 발자국 놓기에는 자연환경을 파괴하는 것 같아 먼 발치에서 보고만 가려고 하는데 눈길은 다른 곳으로 유혹합니다.

청해호가 하늘과 맞닿아 경계선을 모르겠습니다. 구름이 가르쳐주지 않았다면 파란 하늘 속이 아니면 바닷속으로 빠지겠습니다.

이상하리만치 이곳의 모래톱은 자전거 바퀴가 빠지지 않게 다짐을 한 것 같이 자전거 바퀴가 빠지지 않아 아스팔트 위로 굴러가는 것 같습니다. 바퀴자국을 남길까 봐 걱정스러운 마음을 가지지 않아도 되었습니다.

　우리나라에도 신안 앞바다에 4km가 넘은 모래사장의 명소가 명사십리라는 이름을 가지고 있습니다. 이곳 경관과 못지 않는 그 길을 자전거로 달렸던 기억이 여기까지 와서도 생각 드는 것은 그때에 특수한 인연이 있었던 관계인 것 같습니다. 30여 명이 단체로 하는 관광 라이딩에 한 쌍의 커플이 있었습니다. 닉네임으로 부군은 백두산 님이었고 부인는 천지 님이라 합쳐 부를 때 '백두산 천지' 님이라고 불려 이름과 같이 딱 맞는 짝이었습니다. 두 분이 자전거 타는 모습이 보기 좋아서 단체 일행을 보내놓고 두 분만을 위해 사진을 찍고 싶다고 청을 하였더니 거부감 없이 응해주셔서 5분 짜리 영상을 만들 수가 있었습니다.

　제목은 '명사십리'라 하였고 내용은 모래알만큼이나 많은 사랑의 밀어를 나눈다는 명사십리의 배경을 묘사한 대사였던 것으로 기억됩니다. 그때 이후로 다른 장소에서 두서너 번 만남이 있었습니다. 그때마다 신안 앞 바다 이야기를 하면서 부인에게 그윽한 눈길을 보내는 모습을 볼 때 그 두 분을 쳐다보는 우리들의 마음도 풍요로워졌습니다. 부부간에 그런 사랑의 밀어를 나누는 추억을 가진다는 것에 좋았던 기억으로 남아 이곳에서 다시 뵙기로 링크하였습니다.

청해호의 푸른 물색깔.
그 위에 포개진 노랑 유채꽃
시기라도 하는 듯 겹쳐 보이려고
얼굴 내민 청보리
그 위를 스쳐 지나가는 미풍은
우리네 자전거 길을 인도합니다.

이 모든 것들 중 한순간 한 찰나도 가질 수 없는 것인 줄 뻔히 알면서도 한순간 한 잎의 꽃잎이라도 더 담아보려고 열심히 눈 속에 담지만 그것을 소유할 수 있다는 착각 속에 그것도 기계를 의지하여 이런 미련을 부리고 있습니다.

누가 얼마나 많이 눈 속에 그리고 가슴속에 담아가느냐가 문제도 되겠지만 어떤 색깔로 어떤 감정으로 품에 품고 가느냐도 더욱 중요하다고 생각합니다. 오늘 탱이 님이 담겨진 사진이 영원히 가슴속에 담긴 그림과 같이 자리잡아 항상 아름다운 여운으로 남아 있기를 기원드립니다. 그리고 우리 모두에게도.

누가 이마에 손 얹어 놓고 기다리는 사람이라도 있는 것처럼 이런 별천지를 남겨놓고 아침에 서둘러 아침밥을 준비하고 있습니다. 별다른 메뉴도 없으면서 어제 먹다 남은 밥솥에 물을 넉넉하게 붓고 끓이면 밥솥 안에 남은 밥의 양에 따라 죽밥도 되고 시원한 숭늉이 되어 메뉴가 정해지는 우리들의 고유의 메뉴입니다. 어제 저녁 밥을 넉넉하게 하는 이유가 하나 더 있다는 것을 깨달아 어제 아침도 이렇게 한 끼를 때우고 넘어갔는데 오늘은 하나 더 알 것 같습니다. 솥 씻을 이유가 없습니다. 솥 안에 밥이 들어 있으니 씻을 수가 없지요. 누룽지가 남았을 때는 물만 넣으면 누룽지 탕이 되고 누룽지가 없으면 흰죽이 됩니다. 그 솥에 남은 밥의 양에 따라 라면 몇 봉지를 까서 떨어뜨리면 네 가지 효과를 가질 수 있습니다.

팔
순
바
이
크

첫째: 어제 밤에 저녁을 먹고 설거지 안 했던 것이 이유가 되어 아침에 말끔히 할 수 있어 좋았고

둘째: 아무 반찬 없이 아침을 먹을 수 있습니다. 더구나 어제 저녁에 먹다 남은 음식의 양에 따라서 메뉴가 달라져 라면과 합치게 되면 누룽지 탕이 되고 남은 밥이 넉넉하면 백탕이 되어 가벼운 음식으로 속도 마음도 편안한 음식을 먹게 됩니다.

셋째: 모든 것을 배 안에 넣어 가게 되어 자연보호까지 말끔히 해결하여 그릇 씻을 것 없이 키친 타올로 물기만 닦으면 모든 작업이 끝났습니다.

넷째: 좀 미흡하다고 생각 들면 낮 점심에 에너지가 필요할 때 기름진 음식을 먹을 수 있는 위 속사정도 봐줘야 된다고 달래면 되었습니다.

이제 자전거 타는 일만 남게 됩니다. 어디에서 배운 솜씨인지 이런 취사방법은 자전거 캠핑 팀들이 저절로 터득한 생활의 지혜인 것 같습니다. 이런 취사 형태는 어느 일류 셰프도 할 수 없고 자전거 탈 때만이 할 수 있는 영역이어서 이것도 자기의 전문영역이라고, 도와주려고 하면 섭섭해 하는 친구가 있습니다. 님의 영역이라고 받들어주면 라면 한 가닥이라도 더 챙겨 줍니다.

라면 국물을 먹었든 진수성찬을 먹었든 자전거 안장 위에 올라 바퀴를 돌리는 발걸음은 바퀴를 돌리는 횟수만큼 거리로 표현됩니다. 어느 거리가 라면 먹었고 어떤 거리가 진수성찬을 먹은 거리라고 표시된 것이 없으니 삶의 의미를 자전거 탄 거리의 길이로만 표현됩니다.

자전거 안장 위에서 생각합니다. 자전거 바퀴가 둥근 것만치 모든 것을 둥글게만 생각하면 온 세상이 모나지 않고 모든 것이 둥글게만 보여져 둥근 자전거 바퀴 안에 이 세상의 모든 것을 담고 갈 수 있습니다. 담고 가는 발길이 무겁고 힘들지만 무게 만큼이나 보람도 있어 아쉬운 발걸음이지만 '인생이 다 그런거지 뭐~' 하고 바퀴를 다독이며 무게감을 느끼지 않을 만큼 청해호를 마음속에 가슴속에 싣고 가겠다고 자전거 바퀴를 달랠까 합니다.

청해호를 떠나면서 찍은 단체 사진에 꼭 있어야 할 분이 안 보이는 것이 유감스럽습니다. 아마 탱이 님이 다른 일행이 알아서는 안 될 볼일로 사진에 빠진 듯합니다. 일행들이 이런 아름답고 역사적인 곳을 떠나면서 아쉬움에 흔드는 손길은 저와 탱이 님과는 또 다른 의미를 가진 손흔듦이었습니다.

※ 다음 글은 청해호에 도착하여 야영하는날 탱이가 우리 네 사람 따꺼에게 적은 글입니다.
※ 이 글은 고인이 되신 탱이 님이 여행을 다녀온 후 네이버카페 "자전거와 사람들"에 올린 글입니다.

네 분 라오따꺼에게

여기가 어디고 저기는 무엇이고 중얼중얼이며 쉴 사이도 없이 무엇이 그리 즐거운지 꼬부랑 산길을 더듬어 오르네… 해발고도 삼천육백 일월산을 넘어 티베트에 들었네. 당나라 때 티베트로 시집간 문성공주의 전설이 얽힌 곳. 다오탕허. 티베트의 첫 마을. 남으로 당번 고도를 따라서. 차의 고장 징홍으로 이어지고 서쪽으로는 전설의 곤륜산을 넘어 티베트의 라싸로 이어지는 삼거리에 다달았네. 뒤에는 간 밤에 내린 눈으로 하얀 눈을 잔뜩 인 설산들이 줄지어 서 있고… 앞으로는 바다같이 너른 칭하이 호가 펼쳐지는 멋진 자리에… 저마다 하나씩 오색으로 아름다운 텐트를 쳤네! 멀리서 컹컹 개 짖는 소리가 간간이 들리는 것이 이곳에서 멀지 않은 곳에 인가가 가까이 있다고 잠길을 인도하는 자장가로 들리네.

어둠 속에 꾸르룩 끄루룩 이름 모를 새의 울음 소리도 들려 조금 더 밤이 깊어가면 너른 밤하늘을 총총 별들이 깨어나 천막 밖 밤하늘을 채우리라. 자전거 타는 네 분 라오따꺼 모두 염려했던 고산증이 없으매. 더 즐거웁고. 일찌감치 자리를 잡고 팔곡으로 밥을 지어 맛나게 먹으니 모두 행복한 밤이 깊어가네.

제6부

자위콴과 칠채산

함께하는 기쁨은 두 배가 된다

편안하게 즐기는 관광 라이딩이라지만
그 속에는 보이지 않는 규범이 어느 치열한 레이스보다
더 철저함이 있었습니다.

네가 앞질러서 한 바퀴라도 먼저 가면
뒤따라오는 사람의 마음이라도 다치지 않을까 하는 배려와
계속 뒤만 바싹 붙여 가면 빨리 가라고 재촉하는 것으로
보이지 않을까 하는
그때그때 도로 상태와 컨디션에 따라
험한 길일 때에는 먼저 개척하는 모습을 보일 때도 있어야 하였고
가장 힘드는 맞바람일 경우 얌체처럼
바람을 막아주는 혜택만 입어서도 안 되는 경우도 있습니다.

그런 보이지 않는 질서 속에 레이스는
몸으로 느끼는 동료들의 배려에 아무리 힘든 레이스에서도
가는 거리만큼이나 쌓이는 기쁨이 차곡차곡 쌓여
항상 웃으며 힘든 일과를 기쁨으로 승화시킬 수 있어

네가 먼저 편안함과 기쁨보다
우리 전체의 기쁨이 먼저라는 공동체 의식이 생겨
어려움을 어렵지 않게 그리고 기쁜 일이 있을 때에는
그 기쁨이 배가 됨을 느낄 수 있어서
항상 행복해집니다.

2016년 9월

제1장

칠채산(祁連山脈 기련산맥)

고원의 아침은 밝아왔습니다. 11월의 새벽 6시는 한국은 어두워 길을 분간할 수 없는 시간이었으나 이곳은 게으름 피워 누워 있으려 해도 똥구멍에 해가 받쳐줘 지체할 수 없게 해서, 오늘의 여정이 시작됩니다.

탱이 님이 칠채산이라는 곳이 터키의 카파토키아와 비슷하다고 했습니다. 물만 흐리지 않다는 것뿐이지 그곳과 달리 보이는 곳이 없다고 했습니다. 궁금증이 생겨 텐트 안에서 움츠리고 있을 수 없었습니다. 호기심에 지체할 수 없어 아침 식사는 우리들 고유의 메뉴로 간편하게 새벽 밥 먹고 서둘러서 출발했습니다. 간밤에 텐트 속에서 오늘의 꿈을 접어두었던 것을 펼쳐 나가는 이 아침 길의 보람은 충분하였습니다.

산의 모양이 시루떡의 고물이 층층이 색깔을 달리하여 7가지 색깔로 나타난다고 하여 산의 이름을 칠채산이라고 부르는 것 같습니다. 이 산을 품고 있는 산맥을 치렌산맥이라고 부르기도 하고 기련산맥이라고도 불려지기에 그 이름값을 두 겹으로 한다고 해도 충분했습니다. 앉아서 보면 칠채산의 모습이 되고 서서 보면 기련산맥(祁連山脈), 또는 치렌 산맥이 되었습니다. 한자어를 어떤 발음으로 표기하기에 따라 달라지는 듯 산의 모습도 눈길이 가는 곳에 따라 다른 색깔로 나타나기 때문이라고 생각합니다. 옳고 그름은 역사학자나 지리학자가 따질 문제이고 우리같은 여행자에게는 이름이 그렇게 중요하지 않습니다.

어쨌든 설산의 주봉인 칠채산의 높이는 5,547m이고 산맥의 길이는 5,000km, 너비는 200~400km, 쿤룬(崑崙)산맥의 동쪽 지맥으로 여러 갈래의 병행(竝行) 산맥으로 이루어져 있습니다. 우리들이 서 있는 곳이 4,120m 높이로 만리장성 타고 넘은 길 중에 가장 높은 곳이 됩니다. 중국인들이 뻥이 좀 세다 하지만 지적표를 믿고 기록으로 남길까 해서 그 표식판 앞에 인증사진으로 남겼습니다.

정상에는 바람이 심하여 오랫동안 머물 수는 없었습니다. 주위를 둘러보아도 눈 덮인 설산이라 별달리 볼 것이 없고 만년설과 빙하로 덮인 해발고도 4,000m 정도의 산들이 잇따릅니다. 이 지방의 특색으로 산등성을 경계로 해서 서부에서는 낙타, 동부에서는 야크를 사육하며, 석탄 아연, 금 등의 지하자원이 풍부하다고 합니다. 현재도 단층운동을 계속하며, 중국의 지진구역이라 고시된 곳입니다. 이곳은 전체 지역의 지층이 높아서 평균 고도가 2,000m가 넘고 높은 지대에서 자전거를 타고 다녔으니 알게 모르게 적응 훈련이 되어 고산증을 느낄 수 없었습니다. 그동안 자각 증세를 느끼지 않고 적응된 것은 계속된 오르막길을 서서히 올라온 까닭입니다. 덕분에 힘들이지 않고 올라오게 되었습니다. 처음에 출발할 때 설산이 4,000m 주봉을 넘어 4,120m라 하여 기대 반 우려 반이었으나 아무 느낌 없이 넘고 보니 오히려 시원 섭섭하였습니다.

이렇게 쉽게 넘고 보니 후일에 자전거 타고 설산을 넘었다는 기억도 할 수 없을 정도로 편안하게 넘어온 것 같습니다. 잘 차려진 밥상에 간장 없이 밥 먹은 것 같아 입맛이 개운하지 않았습니다.

기련산맥(祁連山脈)은 티베트고원의 북쪽 기슭에 간쑤성과 칭하이성에 걸쳐, 북서쪽은 알타이산맥에 접하고, 동쪽은 란저우의 흥룽산에 이르러, 남쪽은 차이다무 분지와 칭하이 호수에 서로 연결되었습니다.

자전거 여행객에게 어떻게 불렸든 그것이 중요한 것이 아니고 업힐 구간이 있다고 했으면 있을 곳에 있어야 했습니다. 고도 2,700m에서 출발하였다고 하지만 그 높이에서 1,500m 더 올라가려면 경사도 8도에서 심하게는 15도의 길을, 평균 경사도 10도라 하더라도 10km 이상 계속 오르막을 올라가야만 주봉인 4,120m에 도착하게 됩니다. 지금까지 경험한 바를 상식으로 생각하여 2시간 정도는 올라가야 된다고 기대하였으나 이름값에 못 미쳐 누구에게 속았는 것 같았습니다.

몇 년 전에 히말라야 등정하였을 시 느꼈던 고산증을 이곳에서는 느낄 수 없었습니다. 누구를 생각하면 다행스럽기도 하였습니다. 편안하게 다닐 수 있는 평지의 잘 다듬어진 길이라도 숨 가쁨이 있는 것이라, 높은 곳은 조금 더 어렵겠다고 미리 각오하면 느낌이 달라질 수 있지만 이곳은 고산증을 느낄 수 없는 것이 이상하여 고도계를 확인하여 보아도 아무 문제가 없었습니다. 고도계도 중국산이라고 생각하기로 하였지만 그동안 지나쳐 온 곳이 평균 고도 2,000m 이상이었고 그곳들을 계속하여 자전거 타고 다녔기 때문에 고소 적응이 자신도 모르게 적응된 것이 원인이 아닌가 하는 생각도 들고, 또 한편 청해호와 기련산맥으로 이어지는 공기의 이동이 많은 대류 현상이 원인이 아닌가도 생각들었습니다.

올라가는 길은 노면 상태는 좋지 않았습니다. 음지는 내렸던 눈으로 얼음이 가려 있어 이런 곳에서의 안전에는 답이 없었습니다. 올라올 때에는 다행히 햇볕이 있는 양지 쪽에서 올라왔지만, 내리막길은 얼음이 있는 음지 쪽이라 무조건 내려서 걸어야 했습니다. 이때에는 자전거가 지팡이처럼 버팀목이 되어 의지해서 가게 되니 이때는 짐이 아니고 호신구 역할을 해주었습니다. 그렇지만 오르막길은 힘들게 올라왔는데 내려갈 때 힘 안 들이고 시원하게 달릴 수 있는 내리막길을 걸어서 가게 되어 여기에서 불공평함을 느꼈습니다.

저는 한국에서 출발할 때 동료들 몰래 고소 적응에 효능이 있다는 호흡에 영향이 있는 혈관확장제(비아그라)를 준비하였습니다. 지난 히말라야산(5,600m) 넘을 때도 별다른 고통도 심하지 않는 상태에서 훌륭히 견디어 온 경험도 있었지만 이곳에 올 때는 별도로 준비하였습니다. 일행 중 어떨까 하는 의심스러운 사람이 있어서입니다.

오늘 역풍인데도 이 고개를 무사히 넘게 되어 이 지점부터는 고소증은 문제가 되지 않았지만 체력이 별다른 탱이 님을 살펴봐야 했습니다. 밝은 표정이었습니다. 여기서부터는 고소증에서 해방된 것 같았습니다.

기련산(祁連山)이라는 이름의 유래는 고대의 흉노 시대까지 거슬러 올라갑니다. 흉노어로 '기련'은 '하늘'이라는 뜻이며, 기련산은 '천산'이라고 이름이 붙여졌던 것입니다. 하서회랑의 남쪽에 있었기 때문에 이전에는 '남산'이라고 칭해지기도 했다고 합니다.

제2장

칠채단하경구(七彩丹霞景区)

치롄산 고갯길(4,120m)을 한달음에 내려왔습니다. 오는 길에 눈 녹은 물이 얼음이 되어 있어서 주의에 주의를 하여 경계를 늦추지 않고 무사히 칠채산 입구에 도착되었습니다. 탱이 님이 일깨워주지 않았다면 청해호 가는 길이 바빠 그냥 지나칠 뻔도 하였는데 이런 것을 천재일우라고 할 만도 했습니다.

가는 길이 지체되면 어둠이 내려 칠채산 저녁 노을의 절경을 볼 수 없다고 하여 어둠살이 내리지 않는 시간에 도착하려고 혼신의 힘을 쏟아부어봤으나 역부족이라 내일 아침 일출 때의 모습이라도 볼 수 있다는 기대를 가지며 오늘의 일정을 마무리하였습니다.

중국 간쑤성 장예시 기련산(祁連山)은 북쪽에 있는 관광지로. 일곱 가지 색을 띠는 산이라 하여 칠채산(七彩山, 치차이산)이라고 불린다고

합니다. 동서 길이 약 45km, 남북으로 10km입니다. 붉은색 사암이 오랜 세월 동안 지질 운동을 겪고 풍화작용과 물의 침식 작용으로 퇴적작용을 거치면서 단층화되어 주름진 특이한 모양의 지층이 형성되었습니다.

지층 속의 여러 광물들은 산화 과정을 거치며 다양한 색깔을 띠게 되었습니다. 그중 하얀색 지층은 소금 결정이 쌓인 곳으로 봐서 치차이단샤가 오래 전 바다였던 것을 알려줍니다. 네 군데 전망대가 있으며 각 전망대마다 다른 풍경을 감상할 수 있는데 날씨와 시간에 따라 시시각각 다른 분위기를 느낄 수 있었습니다. 독특하고 아름다운 풍경으로 영화나 드라마의 배경으로도 많이 등장한다고 하고 2009년에 유네스코 세계자연유산에 등재되었습니다.

과연 대지의 예술이라고 불릴 만했습니다. 세상에 알려진 것이 얼마 되지 않아서 비현실적인 풍광으로 처음 홍콩 사진 전시회에 이곳 풍경이 소개되었으나 많은 사진작가들이 합성 사진이라고 의심을 했다고 합니다.

이제는 실크로드로 가는 길목에 있는 대표적인 관광지로 알려져 우리가 앞으로 갈 청해호와 장성의 서쪽 끝인 자위관과 합치면 하나의 훌륭한 관광벨트가 이루어지리라 보여집니다. 우리 팀이 그 처녀지를 관광하는 팀이 되었다고 봅니다. 그간에 여러 사람이 다녀도 갔겠지만 청해호와 만리장성의 서쪽 끝 지점 자위관과 칠채산의 관광벨트를 한몫으로 자전거를 타고 이곳으로 관광 오게 되는 팀은 우리가 처음이라고 생각이 듭니다. 사실은 정신이 좀 이상한 사람이 아니고서야 올 사람이 없을 것 같습니다.

우리나라와 중국 쪽 여행은, 국교가 수립되고 난 그 이듬해에 저는 단군의 성지 백두산을 찾아본다고 압록강변에서 이북을 조망하면서 장백폭포로 거쳐 다녀왔습니다. 그게 20년 전(1993년)입니다. 그 이후 중국의 몇 군데를 다녀왔지만 알려지지 않은 곳을 다녀온 것으로는 구채구를 들 수 있습니다. 그때에는 잘 알려지지 않는 미개척지였고 제가 다녀올 때는 순수 그 자체였습니다.

그 이후 중국의 경제성장과 개방정책으로 천연자원으로 보호하여야 할 자연환경이 관광지로 개발되어 잘 다듬어져 중국의 비경을 알리게 되었다고 했습니다. 그러나 그 이면에 자연 파괴라는 값비싼 대가를 치르게 된 것을 10년 후 그곳에 다시 가서 보고서야 느끼게 되었습니다. 자연 그대로의 모습으로 개발이 되지 않았던, 순수한 처녀지로 있었던 제가 봤던 모습과의 차이가 있습니다. 그때 보지 않았다면 몰랐을 것입니다. 귀한 경험을 하게 되었습니다.

이곳도 머지않아 개발한다는 명목으로 변화가 생길 것입니다. 그때 어떤 모습으로 변화될지 의구심이 생깁니다. 중국이 자랑하는 지층변화로 유명한 관광지로 이름난 구체구도 자연 그대로를 보았던 것과 그후 몇 년이 지나서 다시 보았던 것의 현격한 차이가 있었습니다. 층층으로 생겨 있던 호수의 분지는 그 위에 다리가 놓여 보기에 민망스럽게 변하였습니다. 접시를 쌓아놓은 것 같았던 호수의 분지는 온데간데없어 실망감을 가졌던 경험이 있었습니다. 청해호와 자위콴과의 관광 벨트가 이루어지면 오늘의 우리들이 본 칠채산도 다른 모습으로 변모되리라 생각합니다.

그간에 알려지지 않아 미개척지인 처녀지에서 야영도 할 수 있었고 취사용으로 불을 밝힌 캠프 파이어도 할 수 있어 이번 여행이 한결 값지게 되었습니다.

중국의 변방이고 중심 도시에서 멀리 떨어진 곳이라 교통망이 불편하여, 이곳은 기획해서 여행 오는 팀이 아니면 오기에 무리가 있다고 봅니다. 우리같이 청해호와 자위콴을 가기 위한 여행하는 팀은 목적지로 가는 길목에 위치하고 있어 덤으로 얻어지는 행운을 누릴 수 있습니다. 그런 점에 또 한 번 감사해야겠습니다.

칠채산 하나만이라도 훌륭하여 값어치 있는 발걸음이 될 수 있었는데 이런 덤으로 얻어지는 볼거리가 있어 행운에 행운이 겹치는 것이라 하겠습니다. 누가 이런 곳에 자전거를 타고 오겠습니까?

양들이 우리들의 행보를 방해하듯 합니다. 때에 따라 양떼들이 길을 함께 나누어 쓰자고 떼를 쓸 때도 있습니다. 순한 양들도 한번 차지한 길은 비켜줄 생각을 하지 않아 뒤따르는 목동에게 부탁을 해보았지만 목초지 가는 길에는 사정해도 들은 체도 하지 않는다고 합니다. 어쩔 수 없이 한동안 양들과 동행하여야 했습니다.

목동들이 옷 입은 것을 보면 하나같이 한쪽 팔은 옷소매에서 나와 있어 윗옷은 어깨에 걸친 모습이었습니다. 독특한 일상의 패션이었습니다. 생활에 편의상으로 기후 변화가 심하고 양떼들이 수시로 움직이다 보니 옷을 한 장소에 두고 다닐 수 없어 허리에 두른다든가 아니면 한쪽 팔만 끼우고 다니는 모습이었습니다. 제가 카메라 셔터를 동작하기 위해서 한 손에는 장갑을 사용하지 않는 것과 같은 이치인 것 같습니다. 반면에 목동들이 팔소매를 특별히 길게 만들어 입는 것은 날씨가 추울 때는 긴 옷소매가 보온용 장갑으로 둔갑하는 효율성을 가지기 때문인 것 같았습니다.

목축으로 살아가는 민족들은 기르는 가축 종류에 다라 인성도 닮아간다고 합니다. 소를 키우는 목동은 소 모양으로 느긋하고 반면에 야크를 키우는 목동의 성격은 야크와 닮아 좀 거칠다고 합니다.

이곳의 목동들은 양 속에 섞여 있으면 높이만 다르다는 것뿐, 입고 있는 옷이란 방한용 모자도 양의 털로 만든 것으로 양과 닮은 꼴이라 양 속에 있으면 구분하기도 힘들 뿐만 아니라 성격도 양과 같이 동화되어 온순하다고 합니다.

제3장

칠채산(七彩山)의 야영

칠채산 야영

우연히 얻은 기회이지만 한 시간만 일찍 도착했다면 아직은 알려지지 않는 천하의 절경 칠채산의 저녁 노을을 볼 수 있었을 텐데, 어둠살이 들어 먼 발치에서 보는 모습이지만 입구에서부터 심상치 않습니다.

지금 우리가 자전거로 밟고 있는 곳이 원래는 해저층이었는데 지구의 융기 형상으로 돌출된 부분의 지질의 각층에 올려져 있습니다. 지층이 유난히 겹쳐진 곳에 빵을 만들 때 색깔을 넣어 밀가루 반죽한 것을 뭉쳐 놓아 천태만상의 모습으로 변화된 모습으로 보이는 7가지 색깔로 돌출된 부분의 단면 위에 자전거를 올려놓고 달리는 중입니다.

지금은 어둠살이 끼어 명확히 구분이 안 되지만 내일 아침 일출 시에 햇볕을 받는 색깔이 또 다른 색깔로 연출된다고 하여 내일 아침으로 미루고 금강산도 식후경이라 모닥불을 피워 민생고부터 해결해야 했습니다.

기획해서 한 것이 아니고 저녁 준비를 하기 위해 필요에 의하여 불을 피운 것이 자연적으로 캠프파이어가 되었습니다. 계획된 캠프파이어가 아니었기에 땔감이 부족하였다는 것 외에는 불편함이 없었습니다.

이곳은 가축이 지나다니지 않아 마른 거름도 없었습니다. 자전거가 이때에도 한몫합니다. 힘 안 들이고 입구까지 내려가 자연보호 하는 차원에서 버려진 퇴비로 해결하면 되었습니다.

모닥불 앞에서 오늘의 칠채산 야영에 관하여 소감을 한마디씩 나누었습니다. 두일 님은 자전거로 세계를 여행했던 경험으로 이야기합니다. 중국의 그랜드캐니언이라는 태항산도 경험하고 미국의 그랜드캐니언도 경험해보았는데, 이곳 계곡은 규모 면에서 그곳들에 못 미치지만 그 아름다움은 다른 곳이 가지지 못한 것이 있다 하여 더 기대된다고 하였습니다.

만소 님은 선비다운 면모에 어울리지 않게 격한 말을 했습니다. "그놈 애들(중국 관광객을 칭하여) 정신이 없는가 보다. 이렇게 좋은 곳을 그냥 놓아두고 엉뚱한 곳을 다닌다"고 하셨습니다.

하모 님은 자기 닉네임대로 경상도 방언으로 긍정적인 뜻인 "하모~ 하모~" 하면서 이곳이 제일이란 뜻으로 표현하면서 여행 중에 특별나게 좋아하는 것이 야영하는 것인데, 이곳이 바로 그 자리라 하셨습니다. 탱이 님은 모닥불 앞에서 〈청장고원〉이라는 노래를 불러 허공 중에 메아리치게 하였습니다.

칠채산의 야영장

탱이 님은 이곳에서 음악을 감상하려고 일부러 준비한 것인지 〈청장고원〉이라는 음악을 어둠이 내리는 철재산 협곡에서 감상할 기회를 만들어주셨습니다. 이곳의 분위기를 대변하는 듯 하였습니다.

〈청장고원(Qingzang gaoyuan)〉

아득한 옛날의 환호성은
누가 가져온 것일까
천년의 간절한 소원은
누가 남겨놓은 걸까
설마 아직도 말없는 노래가 있는 걸까
아니면 그렇게 오랜 세월 못 잊는
그리움 때문일까
아… 내가 보고 있는
산 하나 하나와 강 하나하나
저 산과 강이 끝없이 이어져 있는 곳
야라쑤오 그곳이 바로 청장고원이라네

중국 가수 장지엔(Zhang jian)의 청아한 목소리를 같이 따라 부르는 탱이 님의 목소리가 고요한 칠채산에 울려 퍼졌습니다. 듣는 사람에 따라 달리 들리겠지만 저는 편치 않는 마음으로 그 노래를 들어야 했습니다. 같은 노래라도 듣는 장소에 따라 다르고 부르는 사람에 따라 감정이 달리 나타나서입니다.

칠채산의 야영은 로맨틱의 극치라 하지만 로맨틱이 다 얼어 죽었는가 봅니다. 마음속으로는 7가지 색깔을 다 안 보여줘도 좋으니 추운 날씨만 좀 피해주면 좋겠다고 빌었습니다.

오늘 초저녁 날씨가 예사롭지 않았습니다. 낮밤의 기온 차이가 심한 곳이라 지난밤에도 텐트 속에서 옴짝달싹할 수 없이 새벽을 기다려야 했던 것이 여기에서는 더 심할 것 같아 모닥불 피웠던 곳에 큰 돌을 몇 개 놓아 예열을 하여 침낭 안에 넣어봤습니다. 다소 도움이 되리라 생각해서 했던 것이 효력은 잠시뿐이었습니다 한참도 견디지 못하여 오히려 제 체온을 전가시켜야 될 짐이 되어 자리만 차지하는 것 같아 이내 방출하였습니다. 늘 경계 대상이 되었던 물병이 제 몫을 했습니다. 생명수를 담고 다니는 것에 이런 용도에도 쓰여졌으니 기특한 일이지요.

모닥불에 물을 끓여 물병에 꽉 채운 다음 뚜껑을 잘 막아 침낭 안에 감싸 넣으면 사람의 따뜻한 품 속같은 온기를 느낄 수 있었습니다. 보온할 때 명심할 것은 모닥불 앞에 예열된 몸을 바깥 온도에 노출시켜서는 안 된다는 것입니다. 기온이 낮아지고 한기를 느낄 때 소변을 자주 보게 되는 원인은 체온를 유지하기 위해서 몸 속에 있는 필요 없는 물건을 몸 밖으로 내보내기 위함입니다. 아깝다 생각하지 마시고 몸 밖으로 배설해야 다소 도움이 되니 잠자리 들기 전에 몸속에 있는 오줌통도 탈탈 털고 들어가서 새벽을 맞을 때까지 보온이 된 오줌통도 참는 데까지 참아 비워서는 안 된다는 것을 명심해야 됩니다.

오줌통을 비우기 위해서 침낭 안에서 나와 텐트 밖에 1~2분 추위에 노출되면 다시 잠들기까지는 어려움이 있을 것입니다. 그 문제를 해결하는 데 노하우가 있는 만소 님에게 그 해답을 찾아보기 바랍니다. 아주 간단하면서 효능 좋는 방법을 알려줄 것입니다. 특별하게 사용허가

권이 등록된 것이 아니기 때문에 알려드리면 알려드리는 것으로 책임을 다하는 것으로 아시기 바랍니다. 조심할 것은 필히 지켜야 할 것이 한 가지 있습니다. 잘못해서 병원에 신세진다든가 전용 사용권을 가지신 분의 노여움 있다 하여도 그 책임은 묻지 않기로 함을 명심하세요.

음료수 먹고 난 뒤 버리는 페트병 이용입니다. 오줌 누는 물건이(살꼬리) 들어가는 구멍이 적다고 키우다 보면 짜른 부분이 면도 칼날처럼 날카롭게 됩니다. 잠결에 편하게 용변 본다고 누워서 볼 일을 볼 때 늘 서서나 앉아서 용변을 보던 습관에 누워서 오줌 싸는 것은 처음에는 침구에 누는 것 같아 잘 나오지도 않아 오발할까 봐 오줌통의 각도를 맞추다 보면 자칫 잘못하면 아뿔싸입니다. 저는 몇 번이나 이런 일을 당하였는데 제 살꼬리는 사용시효가 경과된 물건이라 별달리 관리하는 사람이 없어 문제될 일이 없지만, 아직까지는 소변 보는 용도에는 써야 하기 때문에 관리에 주의하여야 됩니다. 자전거 안장 위에 올려지는 물건이라 상처가 생겼다면 정 위치에 놓여진다 하여도 간수하기 아주 걱정스럽다는 것을 염두에 두시기 바랍니다.

과거의 화려한 전력이 있는 귀하고 귀한 몸 대접을 받던 시대의 물건이라도 모든 물건은 사용시한이란 것이 있기 때문에 이제는 사용할 일이 없다고 하지만 다른 용도에는 사용할 때가 있어 마지막으로 배설하는 데 그 책임을 다하겠다고 목매달고 다니는 것에 조심해서 다루어야겠습니다.

지난 밤에도 추위에 어려운 밤을 보냈는데 그때도 잘 썼고 목을 맨 그놈도 무사하였습니다.

이곳은 골짜기의 냉기류가 움직이는 길목이라 밤새 아랫니, 윗니가 잇몸이 아플 정도로 떨었습니다. 그래도 동료들이 바람을 막아주는 텐트의 진으로 감싸주고 있었는데 추위란 놈은 그 온정도 무시하였습니다.

어쨌든 밤을 밝혀야 했습니다. 나보다는 면역력이 약해진 탱이 님이 걱정되었지만 선택의 여지도 없는 곳이라 새벽을 기다려야 했습니다. 초저녁에 탱이 님에게 청해호 야영에서도 고생한 것으로 아니 자동차 안이나 마을로 내려가서 밤을 지내고 오기를 권하였으나, 그 풍류를 누가 말리겠습니까? 고비사막에서의 매우 낭만적인 야영을 위하여 단체로 맞춰 입은 B'Twin과 한겨울 바람막이 자전거 전용복에 내피가 있는 완전 방풍 겨울점퍼를 겹쳐 입고 겨울용 침낭에 들어 갔는데도 번데기가 되어 자꾸 오그라드는 몸이 나중에는 고비사막에 묻어질 신세로 전환되어 슬픈 사연을 남길 뻔하였습니다.

지평선에 떨어지는 빠알간 해와 하늘 가득 퍼지는 저녁 노을을 그리며 또는 사막의 달밤을 기대하면서 혹시나 감미로운 마두친(馬頭琴) 소리가 들려오지 않을까 하는 꿈을 꾸는 낭만을 떠올리며, 모두 망설임 없이 "하오"를 외침으로 칠채산의 야영은 시작되었습니다.

일생일대의 멋진 기행을 연출하고자 누구도 반대하지 않고 순조롭게 시작된 야영입니다. 서로 분주하게 텐트를 치는데 달이란 놈이 그동안을 못 참아 동쪽 하늘에 떠올라 음력 구월 열사흘날(양력 2014.11.3.) 둥근 달이 솟아 오르고, 해는 쫓기듯이 서쪽 하늘을 빨갛게 물들이며 지평선에 내려 앉아 하루의 지나감을 아쉬워하며 어둠 속으로 묻힙니다.

닭의 목을 비틀어도 새벽은 오게 되어 있었습니다

야영의 고수다웠습니다

저마다 천막을 치고 함께 밥을 짓고 둘러 앉아 이야기꽃을 피우고… 이렇게 살아온 낡은 사람들이지만 젊은 시절 한때는 한 가락씩 했던 추억에 잠겨 소년 같은 감상에 빠져듭니다. 빛바랜 추억이지만 '꿈같은 낭만'이 빠르게 스쳐지나가는 것인 줄도 모르고 있다가 동쪽 하늘의 달 그림자도 금세 어둠에 잠겨버리면 이내 텐트 속으로 몸을 숨기고 이내 끙끙 앓는 소리를 하며 칠채산의 추위와 사투를 벌이며 까만 밤을 하얗게 샙니다.

성능이 뛰어난 기능성 옷으로 무장을 하였어도 티베트고원은 물론 고비사막의 추위와 맞서기에는 역부족이었습니다. 고도가 3,000m가 넘는 티베트 청해 호숫가에서 야영을 하며 얼어 죽지 않으면 다행이었지만, 지난번 추위를 한 번 당해봤으니 정신을 차렸어야 했는데 그렇지 못했습니다. 이곳은 위치가 좀 낮은 칠채산 기슭이라는 것이 도움이 되겠지 하는 바람을 가졌지만, 역시 기대 밖이었습니다. 고비사막에서의 야영은 낭만은 어디로 도망갔는지, 얼어 죽지 않고 목숨을 유지할 수 있었다는 결과치에 만족하는 수준이었습니다.

몸을 되돌려 누울 수도 없는 협소한 텐트라 하지만, 제가 가진 텐트는 낮아서 바람에는 강한 면이 있습니다. 하지만 앉아 있을 때 머리가 닿아서 그 속에 앉아 있을 수는 없었습니다. 허약한 체질에 남보다 무게를 200~300g 줄여본다고 선택한 물건이다 보니 차가운 땅바닥에 누워만 있어야 하는 형벌을 감수해야 했습니다. 차가운 땅바닥에서 새벽을 기다리는 밤이 왜 그리 깁니까?

새벽을 열어준다는 닭 울음소리

닭의 목을 비틀어도 새벽은 온다고 했습니다.
그 목이 그렇게도 길어서입니까?
새벽을 찾아오는 길이
칠채산을 찾아오는 길보다 멀어서입니까?

찾아오는 길을 몰라서 늦어진다면
되돌아가는 길은 빠르게 가는 길을
동행해서 함께 가겠으니
오기만이라도 빨리 오시라고
해야 솟아라 해야 솟아라 맑게 씻은 얼굴

고운 해야 솟아라고
혜산 님의 말을 입 안에 담고 며칠 밤이나 새벽을 기다렸습니다.

말갛게 씻은
고흔 얼굴이 아니라도 좋으니
닭 울음 소리와 함께 보는 얼골이라면
그 이상도 이하도 아닐 것으로 만족하여
초저녁부터 밤새워 세벽을 보고 싶어 하는
자전거 타고 온 팔순 바이커입니다.

빨리만 와 주신다면
돌아가는 길은
오는 듯 가는 듯 소리 소문 없이
남 몰래 가겠습니다.

제4장

자위콴(Jiayuguan, 嘉峪關)

오늘은 그동안 기다리고 기다리던 자위콴 가는 날이었습니다. 칭다오를 10월 14일 출발하여 34일간의 여행의 일정을 마무리 짓는 가장 중요한 목적지를 가는 날이 되었습니다.

嘉峪關(자위콴)이라는 이름을 정리하고자 합니다. 중국의 지명을 한자어로 된 것을 부르는 이름 발음된 그대로 부르는 것이 한국어로 '자위콴'입니다. 탱이 님이 기록하고 불러지는 이름으로 기록하고자 하는 미련한 고집으로 자위콴을 지아위관, 좌위관 등으로 썼다가 책에서 이제부터라도 바로잡습니다.

추위를 이겨보려고 움직여야 했습니다. 텐트 위에 서려 있는 하얀 서리가 덮힌 것을 대충 털어내고 풀잎에 머금은 이슬도 녹기 전에 출발하여 유채꽃밭을 가로질러 한 시간 이상 달렸습니다. 이제 겨우 몸이 풀려 칠채산도 보이고 유채꽃도 보였습니다.

 그간에 지나온 길은 중국 문화의 발상지인 황하 유역의 고도를 거의 다 들러보았고 명승지와 명승지를 찾아가는 길에 성인들의 발자취를 우러러 보았고 명인의 그림자도 추적한 귀한 시간도 가졌습니다. 오늘은 별달리 눈이 호강하는 날인가 봅니다.

 유채꽃밭을 지났는가 했더니 푸른 가로수가 장승처럼 도열하여 우리들을 축하하고 인도하고 있었습니다. 그동안 앞서거니 뒷서거니 하면서 왔지만 자위콴 입성의 영광을 서로 미루어 주춤대고 있었습니다. 첫번째의 영광을 탱이 님에게 돌리기 위해 먼저 입성하도록 배려하는 자상한 우리들의 모습에 감사하였습니다.

만리장성 서쪽 끝이라는 자위관의 웅장한 모습으로 천하제일웅관(天下第一雄關) 성터를 보았습니다. 북경 부근의 산해관에서 시작한 만리장성이 여기서 끝나는 셈이라 감개가 무량하였습니다. 자위관은 만리장성의 서쪽 끝 관문으로 유일하게 건설 당시 그대로 남아 있는 건축물입니다. 최동단의 산해관(山海關)은 '천하제일관(天下第一關)'이라 칭하고, 자위관은 '천하제일웅관(天下第一雄關)'이라고 불렸습니다. 현판의 글씨는 중국불교협회장을 지낸 작고한 조박초(趙樸初) 선생의 웅혼한 필체입니다. 마치 살아서 꿈틀거리는 용을 보는 듯 천의무봉의 솜씨입니다. 자위관 성에 오르니 멀리 기련(祁連)산맥의 설산 영봉이 끝없이 이어지고, 눈을 서쪽으로 돌리니 실크로드 사막길이 몽환처럼 아른거립니다. 이 성을 나서면 이젠 미지의 사막이자 우리들의 염원을 이룬 여행의 종착에서 그간에 가졌던 꿈을 심어놓고 사막을 가로질러 돌아가는 길만 남았습니다. 그 길에도 만만치 않은 길이 끝임없이 펼쳐지리라 봅니다.

당대 왕창령의 「종군행(從軍行)」 시에 이런 구절이 있습니다.

"푸른 바다 긴 구름 설산을 가리고
외로운 성채에 올라 아득히 옥문관을 바라본다.
사막에서의 온갖 싸움에 황금옷 다 헤어져도
누란을 격파하지 않고는 결코 돌아가지 않으리라"

우리들에게 누란국(樓蘭國)이란, 가슴속에 이제까지 품고 왔던 서역 쪽의 자위관이라 생각하여 왕창령의 종군행처럼 자전거에 품고 왔던 모든 짐을 이곳에 내려놓기로 하였습니다. 우리 일행 누구나가 다 감회 어린 순간순간들이었다고 하겠지만 저와 탱이 님에게는 남다른 의미로 다가와 가슴 벅찬 한순간이었습니다.

만리장성의 서쪽 끝에 있는 자위콴은 교통 군사의 요지로 중시되었으며 1372년 건설된 이후 여러 번 증축하여 오늘에 이르렀습니다. 현재 만리장성 성문 중 가장 완전하게 보전된 관문이라고 합니다. 만리장성의 서쪽 끝이라는 자위콴(중국어로 지아위관). 만리장성 동쪽 끝의 산해관은 많이 들어봤어도 아직 실제로 보지 못해 비교는 할 수 없지만 북경 근방에 있는 장성처럼 웅대하여 비교할 만했습니다. 떠나올 때 자위콴시의 기본 볼거리는 네 곳이라 점을 찍고 왔습니다.

자위콴 관성, 장성제일돈, 현벽장성, 그리고 마지막으로 위진시대 벽화묘입니다. 이 네 곳이 자전거로 달려가서 볼 수 있는 위치에 있다고 하였습니다. 하지만 벽화묘는 우리가 가진 소양으로는 관광하기에 무모한 것 같아 지나치기로 하였습니다. 그렇게 애지중지하였고 몇 년 동안이나 꿈에나 그리던 자위콴도 만리장성의 끝 지점이란 것을 확인하는 것으로 만족하려고 하였습니다. 자전거로 갈 수 있다는 곳에는 다 들러보았지만 벽화묘만 지나쳤는가 봅니다.

어제 지나왔던 현벽장성은 요동의 만리장성을 허물어 구덩이를 파서 키운 돼지에만 관심을 가져서 찬찬히 볼 기회가 없었는가 봅니다. 지금 생각해도 잿밥에만 신경 썼기에 그 돼지란 놈의 운이 좋아서가 아니고 만리장성에 집을 짓고 살아서 운이 좋을 수밖에 없었던 것 같습니다.

자위콴 장성의 볼거리 중 하나이자 자위콴의 대표적 전설인 정성전(定城磚) 벽돌 하나가 서옹성 쪽에 있습니다. 이야기를 요약하면, 명나라 때에 자위콴 성루 건축 시에 계산에 능한 장인이 하나 있었습니다. 관성 건축을 책임진 관리가 그를 시험할 겸 관성을 건축하는 데 필요한 벽돌의 수를 계산하라고 했으며, 하나라도 틀리면 목숨을 부지하기 어렵다고 했습니다. 장인이 계산한 수치에 따라 벽돌을 준비하고 건축하고 나니, 벽돌 한 개가 남아 성루 한쪽 위에 올려져 있었습니다.

관원은 이에 그를 추궁하였으나, 장인이 말하길, 이는 관성을 안정시키는 정성전(定城磚)으로 이를 옮기면, 성이 무너질 것이라 했습니다. 이에 관리는 감히 이 벽돌을 건들지 못했고 지금까지 남아 있다는 전설입니다.

중국은 내륙 지방이고 동에서 서에까지 거리가 멀어 내국인도 서역의 끝 지점인 자위콴까지 종단한다는 것은 힘든 일이라 생각이 듭니다. 더구나 외국인이, 그것도 자전거를 타고 순방한다는 것이 쉬운 일이 아니었기에 오늘 자위콴 끝 지점에 와 있다는 것이 자랑스럽습니다. 더군다나 탱이 님의 염원을 안고 이룬 것이라 더욱 값진 여행이 되었습니다.

　자위콴 관문 앞에서 우리는 손을 모았습니다. 손 위에 손을 포개어 놓고 하늘 높이 외쳤습니다. 다른 말이 필요 없었습니다. 어느 누구의 축사도 필요 없었습니다. 행가래 칠 어떤 단어도 생각이 나지 않았습니다. 오직 '만세~ 만세~~'였습니다. 고맙습니다. 감사합니다. 우리가 우리 스스로에게 박수를 쳤습니다. 오늘은 우리 모두의 자랑스러운 날이었고 우리의 세상이었고 우리들의 우주였습니다

"만리장성은 항상 그곳에 있다.

　마음만 먹으면 언제라도 넘을 수 있는

　언덕일 뿐이다."

탱이 님과 마음의 결정을 한 후 한강변에서 나누었던 말처럼, 기어코 넘었습니다. 저는 탱이 님을 무심한 마음에서 바라볼 수 있었고 동료들에게 빚진 것 같은 무거웠던 짐을 내려 놓는 것 같은 해방감을 가졌습니다. 이렇게 하면 될 것을 별것도 아닌 것을 가지고 그동안 그렇게 애써오고 오만 가지 잡념을 품고 왔다는 것이 허망하게 느껴졌습니다. 성취하고 보니 정말 별것 아니었습니다. 자위콴이란 누런 황토 흙더미와 나무 몇 가지로 세워놓은 후에 붓글씨 몇 자 적어 현판을 걸어놓은 것뿐이었습니다. 이때까지 애써온 것이 누구에게 더럽게 속고 살아온 것처럼 마음은 휑합니다.

그렇게 봐서 그런지 오늘 탱이 님의 표정도 평상시와 다른 어떤 호기를 가진 것 같이 보여 그런 얼굴을 바라볼 수 있다는 것이 다행이라 여겼고 앞으로도 항상 그런 얼굴을 바라볼 수 있기를 기원하는 마음을 가지게 했습니다.

자위콴의 자축연

이 자리에 한국에 공연차 방문하고 귀국한 이 마을에 거주하는 민속예술단원이 찾아와 자리를 함께했습니다. 한국에서 공연했던 모습을 보여주시면서 좋았던 이야기를 해주어 한국인이라는 것이 자랑스럽게 느껴졌습니다. 찍어온 사진은 밥 반찬으로 너무 고마웠습니다.

이곳에서 여행을 끝낸 이 지점에서 자축연을 가지는 자리에 이곳 출신의 예술단원에게 한국의 따끈따끈한 소식을 직접 듣고, 이곳 고유의 민속춤과 노래를 곁들어 들으니 더욱 빛나게 하였습니다.

여성 단원이 찍어준 사진이라 전원이 한 모습이었습니다

제7부

돌아가는 길

원(圓)과 원(圓) 사이

태양의 둥근 원과 자전거 바퀴의 둥근 원은
원(圓)과 원(圓)의 사이로
받아들이는 빛은 한통속으로
굴절 없이 받아들여 순수함이 그 자체이지만

사각통 속에서 받아들이는 빛의 빛깔은
각(角)에 따라 굴절된 빛으로 변하는 프리즘 형상에
현란한 삶으로 살아갈 수 있다고는 하지만
순수하지는 못할 것 같습니다.

순수한 원통 속 빛 속에서는
사각의 현란한 빛의 삶을 바라볼 수는 있지만
사각 속의 현란한 빛 속에서는
원통 속의 순수함은 볼 수는 없을 것 같습니다.

그 현란한 삶을 이어가기보다
순수한 원통에서 세상을 보는 삶을 살아가고자
원과 원 사이에
굴절 없이 비쳐진 빛깔 속으로 굴러가기 위해서
오늘도 조그마한 원통으로
지구의 큰 원통 안으로 들어갑니다.

제1장

위구르족(维吾尔族, Uyghur People)

중국 정부가 공식적으로 인정한 56개 종족 중 한(韓)족을 제외한 씨족 중에 위구르족은 네 번째로 많은 인구를 가진 것으로 2000년도 인구조사에 밝혀져 통계상 인구 850만이라고 합니다.

위구르족은 터키계 민족이며, 카자흐스탄, 키르기스스탄, 러시아와 터키에도 소수가 살고 있다고 하지만 다수가 이곳, 중국에 주로 신장위구르자치구(新疆维吾尔自治区)에 거주하며, 문화는 위구르어와 고유문자를 사용하고 종교는 이슬람교와 라마교를 신봉하고 있어 탱이 님의 중국어가 통하지 않아 중국 속의 타국이었습니다. 이때는 제 현란한 몸짓 언어가 빛을 발할 수 있었습니다.

위구르족은 인구도 9백만 명에 육박하고 중국 당국에서 요시찰로 봅시다. 아랍계 민족으로 문자와 언어가 있고 생활상이 타 지역보다 풍족하고 주로 목축으로 살아가는 기마민족답게 호전적인 민족입니다. 중국공산당 기본 이념에서는 종교 단체도 무기화하는 것을 우려하여 승려들의 승적 관리를 철저히 한다고 합니다. 미·중 간에 묘한 기류가 있을 때마다 위구르족에 대한 관심이 국제적인 이슈가 되는 것도 이런 점이 원인이 되는 것으로 보입니다.

이곳의 위구르족은 신체상이나 모양새만큼이나 중국 사람과 달랐습니다. 서구적이고 성격도 활달하게 보였습니다. 생활 풍속도 터키계 이슬람 족이고 지역적인 특성과 자연환경 탓으로 생활도 풍요로워 이곳에서는 중국 특유의 인해전술이 통하지 않는 듯 보여졌습니다.

중국 당국에서 한족을 유입시키기 위해 위구르자치구에 이주하고 사는 한족(韓族)에게 여러 가지 혜택을 준다고 했지만 한족이 이곳에 와서 정착하기는 어려울 것으로 관측되었습니다. 무력으로 점령된 나라라 하더라도 언어와 역사가 있다면 이는 힘으로 강압적으로 말살하려 하여도 그 뿌리를 부정하기에는 많은 시간이 소요될 것입니다. 그만큼 고유한 자기 나라의 언어와 문화가 있다는 것이 중요하고 역사가 있다는 것이 자랑스러운 것이라 하겠습니다.

우리나라가 그 예의 하나라 생각합니다. 일제가 36년간 한민족의 얼을 말살하려고 그렇게 탄압하여도 백의민족의 끈질긴 투혼 앞에 어쩔 수 없이 자유를 구가하게 되어 오늘날 세계 10대 강국의 대열에 올라서게 된 것은 언어가 있고 글이 있었기 때문입니다.

위구르와 티베트도 우리나라와 같이 인도와 중국과의 접경지역에 있고 중국과 러시아 및 유럽 등 강대국과 강대국 사이에 완충지대의 임무를 가지고 있으며 강대국 간의 충돌이 발생했을 때 위험성을 완화하기 위한 전략적인 곳입니다. 언제나 대리전을 치러야 할 지리적 부담을 안고 있어 같은 중국이라는 나라 안에 함께 살고 있으면서 우리나라의 이북과 마주하는 DMZ 역할을 하는 국경지대처럼 통행의 불편을 줄 만큼 감시와 조사가 철저합니다. 하물며 관광으로 왕래하는 여행객에게도 두말할 나위 없이 엄격히 적용되었습니다. 위구르도 티베트와 같이 타지역에서 온 방문객은 필히 관할 관청에 신고하여야 하고 신고하면 행동의 자유를 제한받게 됩니다. 어떤 경우에는 여권을 보관시켰다가 떠날 때 신고하고 찾아가는 불편함이 있을 수 있다 하여 우리들은 처음부터 신고를 하지 않기로 했습니다. 그런 관계로 범죄자가 아닌 범법자가 되어 노출을 삼가게 됨으로 행동의 구속을 자연적으로 받게 되었습니다.

티베트와 위구르는 중국 영토의 25%를 차지하고 있지만 중국 주요 도시들로부터 약 1,600km 정도 떨어져 있습니다. 그리고 험준한 산지와 자연이 길을 막고 있기 때문에 적대국으로부터의 침공에 방패막으로 유리하게 이용할 수 있어 중국 속의 타국과 같았습니다.

만약에 티베트와 위구르가 독립국가로 국경을 마주하고 있다면 중국은 항상 국방에 불안할 것으로 생각하여 이곳만 잘 지킨다면 서부의 안보를 보장받을 수 있는 중국의 방어벽인 것으로 생각하고 있습니다. 더군다나 이곳을 적극적으로 지키려고 하는 것은 위구르에는 지하자원(석탄, 아연, 천연가스)도 많이 매장되어 있는 지역으로 중국의 석유 매장량 30%가 이곳에 묻혀 있으니 중국의 보물창고나 다름이 없다 하겠습니다. 중국이 자랑하는 요소수와 리튬이온 등 배터리 재료의 원산지로 이곳을 통과하려면 귀와 코와 입을 막고 다녀도 눈은 막을 수가 없어 20km나 되는 공업지역을 통과하는 데 어려움이 있었습니다.

티베트의 경우도 히말라야산맥의 높은 4,000m의 고지대에 위치하고 있어 수자원이 풍부하였습니다. 물은 자연적으로 높은 곳에서 아래로 흐르니, 황하, 양쯔강, 메콩강의 발원지로 이곳에서 수로를 변경한다면 어떨까요? 이곳에서 물길을 돌려 물을 무기화하면 10억 명의 목숨이 위협받을 뿐만 아니라 모든 산업과 농업이 중단됩니다. 그만큼 중요한 요충지대이면서 외적을 방위하는 완충지대의 임무를 가지고 있는 지역으로, 또한 풍부한 자원과 식수 공급원으로 존재하므로 중국에서는 생명의 근원으로 철저히 관리를 요하는 요충지였습니다.

이러한 지역적인 특성과 지정학적인 면에서 항상 중국은 강력하게 탄압하여 위구르인 900만 명과 티베트인 800만 명은 이 순간에도 중국의 감시를 받고 있습니다. 우리나라가 36년간의 일제의 압제에서도 독립

을 쟁취하기 위해서 제3국에 임시정부를 수립하고 있었듯이 이곳에서
도 항상 중국의 지배에서 벗어나고 해방하려는 움직임이 있습니다. 티
베트의 정신적인 지도자 판첸 라마는 망명하여 독립 운동으로 제3국에
서 임시정부를 수립하고 있는 것으로 압니다.

우리나라가 36년간의 일제의 제국화에 벗어날 수 있었던 것은 외부
적인 요인에 의한 것이 결정적인 것이라 하겠지만 우리의 말과 글과 역
사가 없었다면 남북한이 분리된 형태로나마 독립하지 못했을 것으로
압니다. 이곳에서도 티베트나 위구르도 고유의 언어가 있고 문자가 있
고 역사가 있으므로 어느 땐가 중국이 외부적인 충격을 겪는다면 우리
나라와 같이 위구르와 티베트도 자립국가가 되리라 봅니다. 며칠 전에
위구르를 탄압한 중국의 위정자 몇 명이 미국에 입국이 금지되고 미국
내 자산도 동결되었다는 뉴스를 접하게 되어 이곳에서는 이상한 기류
가 생긴다고 합니다. 방귀가 잦으면 변을 싸게 된다고 하는 말, 두고 봐
야겠지요.

외부 정세에 민감하게 되는 것을 미연에 방지하는 방법으로 인해전술
로 위구르에 한족을 대거 이동하여 중국 문화를 정착시키고 경제권을
중국화 한다는 것이 한 방법이라고 생각하는 것 같습니다. 위구르족의
출산도 제한하여 인구가 증가되는 것을 억제하고 그 대신 한족을 대거
이동시켜 이곳에 정착하게 만들면 인해전술이 성공할 수 있을지 모르
겠습니다. 그러나 정서적으로 원주민과 한족이 융합되기 어려울 것으
로 보여졌습니다.

하물며 산아 제한도 문제이지만 결혼 허가증이 있어야 결혼할 수 있

다는 법이 이 지구상에 존재한다는 것을 원주민들이 어떻게 받아들이겠습니까? 이러한 것이 민족 간의 갈등을 조장하는 심각성입니다.

그뿐만 아니라 한족 숫자를 늘리는 방법으로 중국 남성과 위구르 여성과의 강제 결혼도 용납이 되고 한족의 혈통을 타고 나온 아이에게는 교육비, 주거비를 지원하고 직간접적으로 혜택을 준다고 합니다. 미인이 많기로 이름난 터키계 투르족과 한족과 결합된 인종 번식에도 중국 정부에서 직간접적으로 관여한다고 합니다. 이곳의 여성들은 보편적으로 아름다웠습니다. 이목구비가 뚜렷하였고 체구도 서구형에 가까워 잘 균형 잡혀 있어 인공 미인이 아니고 자연 그대로의 미인이었습니다. 이를 바탕으로 이곳 여성들을 씨족 번영에 도구화하여 중국의 일대일로(一帶一路) 정책의 수단으로 쓰는 것 같습니다.

우리나라의 일제 때 경부선 철도를 건설하여 우리나라의 젖줄을 장악하려 했듯이 중국도 북경과 라사를 잇는 칭짱열차를 건설하여 물류를 이동하여 경제적인 이득도 가지면서 한족을 대거 티베트로 이주시켜 티베트의 자치권에 영향을 줄 수 있는 경지까지 도달되었음을 그곳에 여행했을 때 가시적인 것으로 느낄 수 있었습니다.

중국이 야심차게 추진하고 있는 일대일로(一帶一路, 육상·해상 실크로드) 계획 중 육상도시 중 이 위구르는 지정학적으로 매우 중요한 중심 도시였습니다.

옛 실크로드의 경유지로 역할을 다해온 도시가 현재에 이르러 신 실크로드의 거점 도시로 발달되어 중국 개혁개방 이후 매년 9%가 넘는 급성장으로 G2 경제강국으로 부상할 수 있도록 기여했고 중국이 유라시아 대륙을 연결하여 거대한 지리적 · 경제적 공동체를 만들고자 하는 야심 찬 프로젝트의 중심축으로의 도시 역할을 다하는 곳다웠습니다.

동북삼성(요녕성, 길림성, 흑룡강성)에 이어 중국 국가주석이 천명한 대로 북쪽 신강성–신장성–청해성–섬서성–내몽고에 이어지는 도로 교통망을 대폭 확충한 다음 거대한 통로를 만들고, 서쪽으로는 신장성에서 중앙아시아를 거쳐 유럽 그리고 아프리카까지 이어지는 거대한 교통 · 물류의 통로를 만들어 전 세계를 하나로 이루려는 패권국가의 꿈을 꾸고, 또 현실화해나가고 있는 중심축인 것으로 보여졌습니다.

또 한편 인해전술이 성공적인 곳은 북쪽으로 내몽골국으로, 외몽골국과 분리 독립되어 내몽골은 중국의 자치주로 합병된 상태입니다. 처음에 만리장성을 쌓은 주된 동기는 명나라 때 몽골의 침입을 막기 위해서였습니다. 이는 만리장성을 경계로 한 이북의 땅은 명나라 때 몽골의 땅이었다는 것을 알려줍니다. 그들의 세력이 팽창해 중국과 러시아가 넘볼 수 없는 경지로 확장되었던 것은 만리장성의 효과였으며 지금은 이러한 몽골제국이 현재에는 외몽골과 내몽골로 나누어져 있습니다. 외몽골은 독립된 몽골 국가이고 이에 반해 내몽골은 중국에 속한 자치구로 편성되어 오늘에 이르고 있습니다.

외몽골과 내몽골은 중국과 러시아라는 두 강대국의 대립과 갈등 속에서 하나가 되지 못하고 결국 분단이 된 채입니다. 고비사막을 경계로 북쪽은 외몽골이며 1924년 러시아의 도움으로 중국으로부터 독립에 성공하였고 남쪽인 내몽골은 현재까지 중국의 자치구로 나누어져 있는 실정입니다.

내몽골은 중국과 완전히 내국화되어 있습니다. 문화와 민족이 한족과 역사를 같이해온 유구한 역사로 씨족 간의 결합이 거부감이 없어서가 아닌가 생각합니다.

이를 두고 우리나라의 북한과 남한이라는 분단된 등식과는 완연히 달리하여 주변 강대국과의 이해가 맞아 떨어지면 한반도 통일은 절대적으로 이루어야 할 민족의 숙원이며 또한 오늘날 우리들의 책무입니다.

외몽골은 울란바토르시와 테를지국립공원이 있는 곳으로 언어는 몽골어와 러시아의 영향을 받았고 문자는 동유럽권에서 주로 쓰는 키릴문자를 사용하고 비자는 몽골비자를 발급받아야 관광이 가능합니다. 이에 반해 내몽골은 중국 자치구로 성도가 후허하오터(呼和浩特)이고 몽골어와 중국어를 사용하며 중국비자를 받아야 입국이 가능합니다.

내몽골은 북쪽으로 외몽골과 러시아와 국경을 접해 있고 중국에서 세 번째로 큰 행정구역으로 총 면적은 중국 면적의 12%를 차지하고 있습니다. 인구는 약 580만 명 정도이지만 내몽골에 살고 있는 중국 한족 비율이 80%에 가까워 중국어와 몽골 문자를 공용으로 사용하고 있습니다. 이곳에서는 인해전술을 통해 거의 중국화에 가까워졌습니다.

여행하는 장본인의 입장으로 보면 일대일로가 어떻게 되었든 국가와 국가 간에 정치적인 이념이 어떻게 되었든, 여행하는 데 불편함이 없었으면 합니다. 그들의 삶이 우리들의 여행에 방해가 되지 않았으면 하는 바람이지만 지배자가 점령지의 문화와 정통을 말살하여 고유한 문화를 만끽할 수 없도록 했습니다.

고비사막에서 세 번째의 야영을 무사히 마치고 몽골의 고비사막을 횡단하며 아라산쭈어치에 닿기도 전에 지도에도 없는 길을 타고 동쪽으로 이동, 닝샤를 거치고 석탄을 파느라고 대낮에도 흑[黑]먼지가 하늘에 새까맣습니다. 전조등을 켜고 달리는 차량과 도로를 함께 쓰면서 쓰쭈이산시에 이르렀습니다.

이러한 지리적 특성과 정치적인 갈등이 첨예하게 대립되어 있는 지역을 자전거를 타고 가면서 침식을 자급으로 해결하는 자캠 여행은 무모하리만큼 위험합니다. 그 가운데 무사히 실행하고 있지만, 처음으로 자신의 처지를 생각하고 검은 석탄 길 속에 하얀 이빨만 보이는 모습으로 우리들 서로가 서로에게 경의를 표하였습니다. 탱이 님이 변함없이 진행하는 라오따꺼 님들과 함께 무사함에 경의의 글을 올렸습니다.

"라오따꺼" 님들.

• 따이… 말없이 항상 앞장서서 실행하는 대장 따꺼. 자전거를 타는 모습은 한 시대를 주름 잡았을 것 같으신 모습에 늘 선두에서 뒤에 따르는 육칠십 대 젊은 엉아들이 쩔쩔매게 리드하였음.

• 따얼… 뛰어난 영어 실력을 보유함. 장교 출신이며. 건축가! 중동 모래 사막을 휘저은(?) 전력이 화려한 라오털. 야영 때 카레를 만드는 기염을 토함. 빈틈이 없이 꼼꼼함. 내 자형같이 깐깐함도 소유함. 경상도 사나이.

• 따싼… 완벽함이 돋보이는 라오꺼. 사업상 북한을 드나든 정통 북한통. 자전거 타는 자세가 일품이며 페달링도 완벽. 회계사를 찜찔 장부 기록의 일인자. 꼼꼼함이 돋보임. 그래서 이 기행의 준비가 완벽함.

• 따쓰… 미국 대륙을 자전거로 횡단하심. 마라톤 풀 코스를 수차례 완주한 작은 거인. 궂은 일도 결코 마다 않고 먼저 나서는 부지런함이 돋보임. 가는 곳마다 기행을 선전하는 부지런함. 베이징에 있는 대사에 버금가는 민간 외교관. 탱이와 죽(!)이 맞는 기행 스타일.

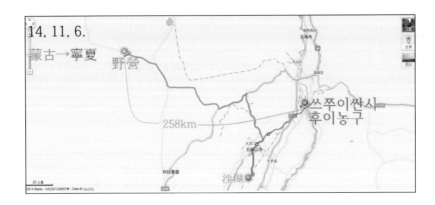

　다섯 분 자전거 팀이 마치 피가 펄펄 끓는 혈기왕성한 이십 대 청년 같으시네!

　이십 년은 고사하고 십 년 뒤에도 따르지 못할 무척! 매우! 몹시! 되게… 엄청난 라오따꺼[老大哥] 님들입니다.

　나이 들었다고 잘난 척 않고… 꾀를 피지도 않고… 나눠 맡은 임무를 알아서 수행하는 각자 색이 분명하지만… 결코 도드라진 것이 아닌… 저마다 개성을 가진 멋진 노털(老頭兒)들입니다.

　　- 石嘴山 柏思特賓館에서 taengii. 십사년 십일월 육일

위구르족의 민속 박물관
　위구르족의 특유한 복장인 모자를 형상화한 현대식 박물관이었습니다. 시내를 둘러봐도 중국 속의 터키의 어느 마을과 같았습니다. 생활이 윤택하게 보였습니다.

　점심 식사는 이 지방의 특색있는 메뉴로 주문하였는데 이곳의 음식은 유목민의 기마민족답게 육류 일색이었습니다.

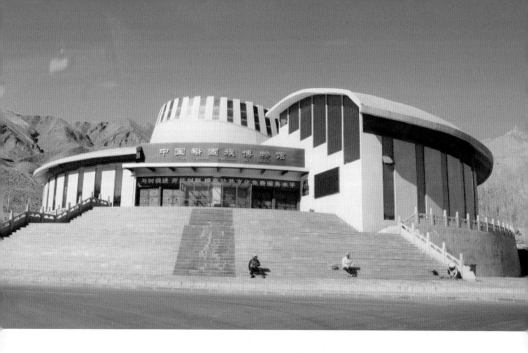

주문한 식사가 나오기 전에 접시에 삶은 양고기와 식도가 주문한 인원 수에 따라 나왔습니다. 포크 대용으로 사용하라는 뜻인 것 같습니다. 손으로 고기를 입에 물고 칼로 적당한 크기로 잘라서 먹는 방법은 유목민족이 야외에서 식사하는 형태로, 날카로운 칼을 포크 대용으로 사용하라는 것이라 익숙지 않는 사람은 조심해야 했습니다.

마을 입구 야산에 위구르의 상징인 백마상(마법비연상 : 백마가 제비 등을 밟고 달린다)이 올려져 있었고 밑에는 현대식 건물로 지어진 관광 안내소가 있어 친절한 안내를 받을 수 있었습니다. 안내원이 이곳의 민속 옷으로 정장하고 자랑스런 모습으로 안내를 도와 주고 있었습니다.

우리들보다 먼저 온 중국의 사진작가들이 우리에게 한국에서 이곳까지 자전거로 왔다는 것이 믿기지 않는지 연신 감탄을 하면서 우리를 모델로 기념사진 찍기를 원하였습니다.

제2장

오대산

오대산(五台山, 우타이산)은 네팔 룸비니(Lumpini), 인도 사르나트 (Samath), 보제가야(Buddhagaya) 쿠시나가(Kushinagar)와 더불어 세계 5대 불교성지로 일컬어집니다. 중국에서는 4대 불교성지의 으뜸으로 꼽힌 곳이라 합니다. 오대산은 우리와 깊은 관련이 있어 신라의 고승 자장율사가 오대산 태화지에서 목욕한 후 문수보살을 친견한 것으로 유명하며 『왕오천축국전』의 혜초스님도 오대산을 수행하였다고 합니다.

'오대'라 불리는 것은 그중 북대가 3,061m로 중대 취암봉, 동대 망해봉, 서대 괘월봉, 남대 금수봉 중 가장 높고 으뜸이라 하여 오대의 중심 역할을 한다고 합니다. 이곳에 불교사찰이 들어서기 시작한 때는 서기 68년 즈음으로 전해집니다.

현통사의 전신인 영취사가 건립될 때 낙양의 백마사가 중축되어 중

국 최초의 절로 알려졌으나 실질적인 중국 최초의 사찰은 현통사라고 할 수 있다고 합니다. 불교는 당나라에 들어와서 황제들이 앞장서서 절을 짓기 시작하면서 융성해졌으며 그 시절에 도교는 서민 종교로 자리 잡아 갔으며, 불교는 왕족과 귀족 종교로서 기능을 하여 급속도로 확산되어졌다고 합니다. 오대산에는 47개소의 절이 있으며 남선사(南禅寺)와 불흥사(佛兴寺)는 당대에 건립된 현존 최초의 목구조 건축물의 하나입니다. 또한 전통불교와 티베트 불교가 같이 혼재하는 유일한 지역 중의 하나로 2009년 6월 26일 스페인에서 거행된 제33차 세계유산 위원회에서 유네스코(UNESCO) 세계문화유산으로 등재되었습니다.

유네스코(UNESCO)는 인류의 문화를 어떤 기준으로 평가하고, 어떻게 계승할까요? 문화유산을 '보존'한다는 것은 지극히 서구적인 관점으로, 문화를 변화하지 않는 것으로 보는 개념입니다.

오대산은 최고의 지혜자 문수보살을 모셨고 선불교 본산도 들어섰습니다. 티베트, 몽골, 일본, 한반도에서 순례자가 찾아들었습니다. 무슬림의 메카, 유대인의 예루살렘과 같았습니다. 1,500년이 지난 현재 오대산에는 정토종(宗)과 티베트 밀교(密宗)의 53개 사원이 운영 중입니다. 승당과 승방에 비구 2,000여 명, 비구니 500여 명이 함께 거주하고 있습니다. 중국에서 티베트를 제외하고 종교인이 가장 밀집된 곳입니다.

우리 일행이 오대산에 방문했을 때 폭죽을 터뜨리는 것에 놀랐는데 중국 사람 세 사람만 모이면 소란스러운 원인이 이런 것에서 유래된 것이 아닌가 생각합니다. 특히 결혼식이라든가 졸업식 또는 개업식이나 이사할 때 유별나게 폭죽을 터뜨리는 것은 일상화된 듯합니다.

오대산이란 이름이 친숙합니다. 우리나라에도 오대산이라는 이름으로 불리는 산이 있어 그 산을 연상하고 가게 되면 크게 실망하리라 봅니다. 우리나라의 강원도에 있는 오대산은 상원사와 비로봉을 경유하는 명코스로 알려져 있습니다. 오대산이라는 이름이 낯설지 않아 칭하이로 가는 길목에 있어 들러 보았으나 기대 밖이었습니다.

내방객이 우리와 같이 산세를 기대하지 않고 어떤 다른 종교적인 의미가 있어 오대산을 찾는가 봅니다. 넓은 대륙에 위치하다 보니 드넓고 큰 산세였으나 산에 수종이 잡목으로만 이루어져 있어 멀리서 보면 민둥산같이 보였습니다. 칠채산을 이룬 기련산맥의 지류인 것같이 보여 지층이 울창한 나무가 자라기에는 부적합한 것같이 보여졌습니다. 우리나라의 오대산은 아기자기하게 높낮이의 굴곡이 있어 시각적으로 아름다움을 느끼게 하지만 이곳은 산세가 완만하게 보입니다.

이곳의 산서성 오대산은 산세의 아름다움보다 그 산이 품고 있는 사찰 때문에 불교를 숭상하는 불자들이 낳이 찾아드는 곳으로 유명한 것 같습니다. 불광사에 많은 신도들이 순례하는 성지의 장소로 전국 중점 문화재 보호지구이고 이 절은 역사가 오래되어 절 안의 불교 유물이 귀하기 때문에 아시아의 불광이라고도 불린다고 합니다.

오대산은 어메이산, 보타산, 구화산과 함께 4대 불교 명산(四大佛教名山) 중의 하나입니다. 산시성(산서성) 신저우시(忻州市,) 동북부 우타이현(오태현)에 소재하며 타이화진(대회진)을 중심으로 엽두봉, 금수봉, 망해봉, 과월봉, 취암봉의 5개의 봉우리로 이루어져 있습니다.

파괴되는 주민 터전, 신축되는 문화유산

우타이국립공원이 세계문화유산에 등재되는 것이 관계 기관에게는 영광이겠지만 지역 주민에게는는 생활의 터전을 잃어버리는 날벼락이었습니다. 오대산 일대에 1980년대부터 관광업을 생업으로 하는 상권이 마을마다 중심가에 소규모 자영업이 번성하고 상권이 형성되어 있었습니다.

그러나 중국 정부는 2005년 우타이국립공원을 설립하며 우타이산 8,000만 평 일대를 4개 구역으로 나눈 다음, 핵심 구역에 있던 6개 마을 417가구에 퇴거 명령을 내렸습니다. 철거민에 대한 정부 보상은 건물 규모와 시세에 의거해 주어진다 하자 철거 기한이 임박했는데도 마을에는 난데없이 증축 공사 바람이 불었습니다. 상점은 층을 올려 새로

짓고 낡은 여인숙은 번듯한 호텔로 단장했습니다. 정부 보상을 더 받기 위해서였습니다. 이는 중국 전역에서 볼 수 있는, 소위 우리나라에서도 성행하였던 알배기 또는 알박이 현상입니다. 주민들은 1980년대까지만 해도 오대산을 순례지와 관광지의 안식처로만 여겼지 남겨두어야 할 '유산'으로 보지는 않았습니다. 문화유산이 되면서 주민들은 터전을 빼앗긴 셈이었습니다.

유네스코 규정에 따르면 문화유산으로 등재 시 신축은 불가하며, 개축은 엄격히 통제됩니다. 그러나 정부에서 먼저 지원하여 우타이산에 새로운 사원이 들어서기 시작했습니다. 기존 사원 옆에 화려하고 웅장한 부속 건물들이 하나둘 생겨 중국 사람답게 2011년에 신축 · 완공된 문수사는 유네스코에 등재되지 않은 건축물입니다. 하지만 산시성으로부터 새롭게 지원을 받아 건축됐습니다. 송나라(960~1279) 때 중흥했다가 청대에 사라진 절의 적통을 이었기 때문입니다. 그렇다면 지금의 문수사는 새 절일까요, 오래된 절일까요? 유네스코에 따르면 새 절입니다. 그러나 문수사 주지는 '오래된 절'이라 말합니다. 물질은 바뀌어도 영적인 본질은 이어진다는 중국 전통 관념에 따른 주장입니다.

오대산 전체를 통틀어 당국에서 '있는 그대로' 보존하려고 심혈을 기울이는 곳은 오직 한 곳입니다. 1948년 마오쩌둥이 참모부장 저우언라이와 함께 하룻밤을 보냈던 타유안 사원에 딸린 객실입니다. 객실 앞은 마오쩌둥 흉상을 두어 예불을 드릴 수 있도록 해놓았습니다. 그러나 다른 사원과 달리 이곳은 찾는 이 없어 무척 한산하다고 합니다.

중국 전통문화에서 불교와 산은 밀접한 영적 관계에 있습니다. 순례를 일컬어 '산에 향을 피우고 절한다'는 뜻의 차오산진상(朝山香)이라 부릅니다. 오대산을 비롯한 중국 4대 불교 명산이 확립된 명나라(1368~1644) 때 굳어진 관습입니다.

방문객 면면을 들여다보면 이렇습니다. 불심 깊은 중년 여신도들이 많습니다. 이외 승가대학에서 단기간 수학하러 오는 이들도 많습니다. 가족 단위 방문객도 꾸준합니다. 이에 더해 사회주의 유물인 카오차(시찰, 考察) 즉, 공금으로 '공식 여행'을 나온 공무원도 있었습니다. 이런 족속은 다분히 종교를 사찰하는 공산주의 의념에 의한 암행의 성격을 띤 여행이라고 보여지고, 휴가를 맞은 젊은 남성들이 삼삼오오 함께 다니기도 합니다. 오대산 5개 영봉을 일주일은 걸려 모두 돌아보는 한족, 티베트족, 몽골족 수도승과 순례자들은 일부입니다. 각양각색 방문객에게 공통적인 것은 예불[拜佛]입니다.

확고한 불심은 아닐지라도 영험한 성지에서 만사형통을 바라는 기원이 빠지지 않습니다. 평신도나 일반인은 건강과 재물 등 속세의 복을 빕니다. 이들을 대상으로 승려들은 각종 신앙·직장·관계·생활 문제 상담으로 수익을 올리기도 합니다.

반면 티베트 불교도는 기도 목적으로 사원을 찾습니다. 참선과 고행이 목적인 선불교도는 사원이라기보다는 사원 사이를 이어 걷는 것 자체가 목적입니다. 도가적 수행과 마찬가지입니다. 이들의 수는 공식 집계로 잡히지 않아 실제 연간 방문자 수는 헤아리기 어렵다고 합니다.

이 모든 것은 덩샤오핑의 개혁개방 이전에 경제능력, 개인 이동권, 종교규제의 제약이 심했던 때는 생각지도 못할 일입니다. 그러나 방문객들은 정부가 허락해서 비로소 예불이 가능해졌다고 보지 않습니다. 오히려 잠자고 있던 부처의 힘이 깨어난 것이라 여깁니다. '과거 그대로 보존'한다는 유네스코 유산정책은 중국의 현실과는 괴리가 큽니다. 오대산에는 가옥, 상점, 농토의 파괴를 가져왔으며 무분별한 재건축 광풍을 불러일으켰습니다. 관광센터, 공원관리소만이 아니라 사원도 증축됐습니다. 어떤 사원은 아예 통째로 새로 지어지기도 했습니다.

유네스코 문화유산 등재란 백과사전에 한 줄 이름을 올리는 일이 아닙니다. 세계 곳곳의 고유한 공간들을 서구 진화론의 세계관에 따라 정형화시키는 작업입니다. 살아 있는 문화가 유산으로 보존되는 순간, 그 문화는 변화의 동력을 잃고 서구 역사의 변방으로 침잠해갑니다.

경내 정전인 동대전(東大殿)은 서기 857년에 건립되었고, 건축 시기
적으로는 782년에 세워진 오대현 남선사 정전에 이어 전국의 목조건축
물 중 두 번째로 오래되었습니다. 중국 사람들은 이런 것을 두고 못 보
는 국민성이라 이름도 한문권이라 괴이하게 사절(四絕)이라고 이름지
어 불광사의 당대 건축, 당대 시대의 조각, 당대의 벽화, 당대의 재기는
역사적 가치와 예술적 가치가 모두 유명하다고 하여 사절(四絕)이라고
불린다고 합니다.

제3장

칭다오 가는 길

여행의 속성으로 출발할 때부터 머릿속에 만리장성의 서역의 끝머리 자위콴만 생각하고 오직 자위콴만 뇌리 속에 심고 와서 그런지 목적지를 탐방하고부터는 모든 것이 흥미롭지 않았습니다.

오대산 경내에도 자전거로 다니면서 관람할 수 있는 길이 있어도 이제는 관심 밖이었습니다. 절간에서 공양도 할 수 있었고 부처님에게 바치는 그윽한 향 냄새 속에 밤을 보낼 수 있는 자리도 많을 터인데 돌아가는 길에만 집중하게 되어 바삐 오라는 사람도 없는데 일정이 바빴습니다.

칭다오까지 거리로는 1,800km. 이제 남은 날짜가 5일이 남았으니 부지런히 달린다 하여도 매일 서울에서 부산까지 가는 길을 쉬지 않고 가야 칭다오에 도착 시간을 맞출 수 있을 것 같습니다. 사람도 힘들지만 차는 더 힘들 것 같습니다. 머리에 자전거를 5대나 이고 지고 다녀야 했습니다. 큰 차라면 그런 대로 덜 부담되겠는데 구형 소나타에 장정 5명

까지 탑승하고 부속짐까지 싣고 다녀야 하는 것이 우리들 행보만큼이
나 불안하였습니다.

　여행 자체도 일반적인 상식으로는 상상할 수 없는 계획이고 무모하리
만큼이나 도전적이고 보편적인 기준으로는 상상할 수도 없는 일정이었
습니다. 짧은 여행 기간에 많은 것을 소화하기 위해 일정에 맞춘 행로
라 그런 점으로 인정한다 하더라도 돌아가는 일정에는 그 예에서 벗어
났으면 했습니다.

　승용차에는 자전거 두 대만 루프에 올려놓는 캐리어가 일반적이라 5
대를 실을 수 있는 캐리어가 없다고, 탱이 님이 직접 손수 제작한 것입
니다. 모든 것이 기준을 초월한 것입니다. 초월이라도 한참은 초월하여
누가 보면 진기명기라 하겠습니다.

　사람도 진기명기 하였으니 차도 우리 따라서 재주를 부릴 만도 했습
니다. 우리도 무사하였으니 자동차도 무사히 귀가되리라 믿고 출발하
였습니다.

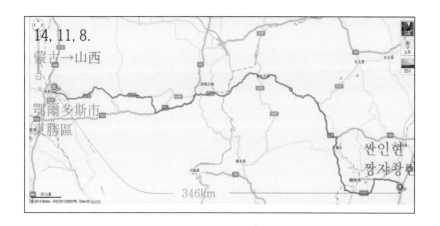

　라오따꺼 님들은 황하, 만리장성, 요동 세 곳을 관람하고도 오르도스에서 출발하여 싼이현의 한 시골마을까지 350km를 주행하면서 지나치는 길에 있는 볼거리를 놓치지 않았지만 이동 거리가 모 신문사가 주최하는 "자전거로 유라시아 횡단하다" 팀의 이동거리보다 두 배나 더 많았습니다.

　쉬저우(朔州)를 지나 고속도로에서 내렸고, 이미 어두워져 깜깜한 논두렁 같이 좁은 길을 얼마를 달려 이른 짱쟈향에 마침 도착하였습니다. 번듯해 보이는 장성빈관이 있어 망설임 없이 찾아 들었습니다.

아라산쪼우치에서

아라산쪼우치의 상징물인 조각사진은 탱이 님이 제공하였으며 이 사진이 가리키는 상징적인 의미도 모르면서 일단은 이런 조각품이 사막길 옆에 설치되어 있다는 것이 경의로웠습니다.

너른 고비벌. 낙타의 깊은 눈망울. 이따금 만나는 몽골리안들. 그 속으로 자전거가 들어가면서 우리 일행들은 모세가 갈라놓은 바닷가 길처럼 사막 위에 한 오라기 실타래 풀어 갈라놓은 것처럼 모래사장 위를 그 길을 가면서 이렇게 읊조리고 있었습니다.

아라산쪼우치 가는길

눈부시게 파란 하늘과 하얀 뭉게구름.
지평선 위에 내려앉은 아름다운 붉은 노을.
고요한 사막의 달밤.
쏟아지는 총총한 별들과 끝없이 이야길 나누고.
고비와의 깊은 사랑에 빠진다
지나온 길의 꿈을 찾아
고비의 한줌의 모래길에도
그 길 위에 이리싼 아우지 위에 꿈을 옮겨 놓고자
외줄기 길을 따라 너른 고비를 가로질러
쉼 없이 발을 짓는다.
신비로운 고비여, 고비사막이여!!

가는 길에 자전거 타고 지나왔던 그때 그 길을 그대로 더듬어 고비로 넘어들 때도 있었고 두 바퀴로 내려갈 때는 몰랐는데 짐 잔뜩 실은 네 바퀴는 속도를 낼 수가 없을 정도로 길이 엉망입니다. 엉금엉금 기다시피 겨우 400리를 달려 그런 와중에 늦은 점심 겸 저녁을 먹었습니다. 아라산쪼우치에 유명한 맛집 훠궈집을 찾아 이곳의 별미라는 음식을 탐식하였습니다. 무엇보다 탱이가 좋아하는 음식이라 우리들도 선택의 여지없이 배를 채우는 것이 최선의 방법입니다.

자위콴에서 둘째 가라면 서러워할 총칭파[重慶巴 火鍋]를 전세를 내어 양고기 훠궈를 먹었습니다. 주인장이 우리를 알아보는지 사진작가로 초대하였더니 호쾌히 응하였습니다. 이 사진도 그중에 한 장이었습니다. 다섯 사람 전원이 사진 한 장에 담기기에는 오랜만이었으나 우리들 잠자리를 잊지 않고 한 장 남겼습니다. 자위콴에서 기념사진은 서로 돌아가면서 찍어 네 사람만이 담긴 사진뿐이었습니다.

이른 저녁밥을 먹었다 하여도 이곳은 대낮같이 밝았습니다. 계속 오면서도 야영지를 찾았으나 해가 떨어지고 급격하게 떨어진 기온으로 선택의 여지 없이 지난번에 자위콴 갈 때 숙박하였던 곳을 마지막 안식처라 생각하고 찾아 들었습니다. 하룻밤을 자도 만리장성을 쌓는다고 낯설지 않았습니다. 한 달 전의 상황 그대로 변한 것이 하나도 없는 푸씽여관으로 들어갔습니다.

주인장이 없어 옆집 가게에 가서 불러온 깃도 그때와 똑같았고, 뜨겁다 못해 사람 덕 볼려는 물의 온도도 그때와 그대로였고, 앉아서 별을 볼 수 있는 뒷간도 그때 그대로, 값을 깎아주지 않는 비싼 여관비도 그대로, 오가는 차가 거의 없어 조용함도 그때 그대로, 지난 추억이 오롯이 담겨 있는 것도 그때 그대로였습니다.

예정된 일정으로 무사히 칭다오에 도착했습니다. 칭다오에 무사 귀환을 축하하는 라이딩은 칭다오가 자랑하는 해변가 자전거 길이었습니다. 보무도 당당한 네 사람의 사진을 찍고 있는 저는 감회가 깊었습니다. 이렇게 무사히 돌아올 줄 몰라서 저 혼자 쓸 데 없는 걱정을 옷자락에 싸고 다녔던 것이 어찌 보면 억울했습니다.

그렇지만 걱정한 것만큼의 보상은 충분하였습니다. 오히려 탱이 님은 칭다오를 출발할 때보다 더 활기차게 보였습니다. 그 여행기간 동안 치유되어 건강이 더 좋아진 것같이 보여져 병원의 진단이 오진이라는 생각이 깊게 느껴질 정도였습니다. 결과론이지만 내색 없이 둘만 주고 받는 눈빛으로 그동안 마음을 다스리고 왔다는 것이 퍽이나 다행스럽게 생각이 들어 동행인들을 바라볼 수 있는 제 떳떳함이 이 여행에서 뿐만 아니라 제 자신에게도 자랑스럽게 느껴졌습니다.

"탱이, 건강해줘서 고마워~"

칭다오 바이크팀 환영회

35일간 무사히 여행을 마치고 칭다오에 입성한 우리들은 환영행사를 거하게 치렀습니다. 행사장도 입국하였을 때 환영해준 그 장소 그대로였습니다. 환영하는 현수막도 입국했을 때 환영한 글자체와 같았고 내용만 서유기행를 무사히 마쳤다는 것으로 바뀌었을 뿐이지 환영 나온 사람도 그때 보았던 그 사람들이었습니다. 처음으로 본 여성 몇 분만 낯설게 보여졌습니다.

한국에 아시안게임 때 왔을 때에도 벌떼같이 호떡집에 불난 것 같이 야단스러웠는데 이곳에서는 자기집 안마당이라고 중국 특유의 인해전

술로 한국 방문시에 보지 못하였던 몇 분도 더 참석하여 그때 불참하게 되었던 것을 변명이라도 하는 듯 야단스럽습니다.

참여한 주축이 나이 차이가 없는 60~70대 분들이라 거리감도 없어 친숙하게 느껴졌습니다. 선두 지휘차량을 앞세우고 거리의 퍼레이드 행사를 하자는 제안이 있었으나 저녁만찬 시간으로 대신하였습니다.

여행 첫날에 출발하였던 탱자원에 다시 들렀습니다. 마치 자기 집에 온 듯하여 그간의 쌓였던 피로를 풀고 다음 날 아침 식사에 초대를 받았던 칭다오 주민의 집으로 가는 길에 넉넉한 시간을 두고 칭다오의 자랑인 해변가 라이딩으로 그동안 웅크리고 긴장하였던 몸과 마음을 달래는 시간을 가지게 되었습니다. 초대한 동우회 회원의 자택이 해변가 부근이라서 정통적인 중국식 아침 식사까지 경험하게 되었습니다.

팔순바이크

　칭다오 해변이 내려다 보이는 훌륭한 저택에서 융숭한 대접에 다 같
은 동양인의 정감을 느꼈습니다.

　여기에서 아름다운 이야기를 하나 남긴다면 탱자원의 전통입니다. 탱
자원은 자전거 여행객 누구에게라도 개방하여 며칠이라도 아무 대가
없이 장소를 제공받을 수 있으며 덤으로 1인당 하루에 라면 한 봉지와
달걀 한 개씩은 무상으로 지급한다고 했는데 우리들은 그것 먹을 기회
가 없어 서운했습니다.

　돌아오는 길에 여러 차례 탱이 님과 제가 묵계로 이룬 약속이었던 탱
이의 건강 이야기를 하지 못하였습니다. 오늘 귀국선에 올라서 해야 되
겠다고 기회를 미루어 오다가 이때나 저때나 이야기해야 되겠다고 마
음을 다졌지만 오늘 칭다오에 탱이를 두고 귀국선을 타고 보니 제 가슴
속에만 묻고 있는 편이 좋으리라 생각 들었습니다.

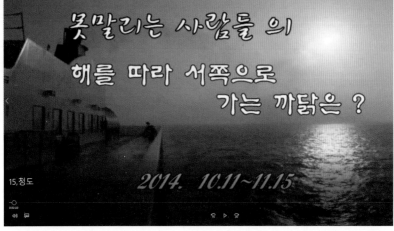

못말리는 사람들 의
해를 따라 서쪽으로
가는 까닭은 ?

15.청도

2014. 10.11~11.15

누가 압니까, 오진일지? 혹은 기우였을지도 모를 일을 가지고 여행 출발할 때 자기도 저에게 아무 말도 하지 않았고 저도 아무 이야기를 듣지 않은 것으로 하자는 말이 영원할 수도 있으리라 믿기로 했습니다.

여행을 끝내고

어느 여행이나 다 그러하듯이 끝나고 나면 허탈하여지고 공허하여지는 마음은 어쩔 수 없습니다. 텅 빈 마음을 채우기 위하여 여행 중에 일어났던 일을 상기하면서 하나하나 복기하는 마음으로 지난 여행을 다시 상상 속에 여행을 거듭하면서 텅 빈 마음을 채우는 것이 일상화되었습니다.

먼저 여행의 아쉬웠던 점부터 바르게 잡아놓고 시작한다면, 여행의 스케일에 비해 왕복 5,400km 여행 기간이 너무 짧았다는 점입니다. 적어도 일주일만 더 연장하였다면 아쉬움은 메울 수가 있지 않았을까 되돌아봅니다. 그 일주일의 시간을 이렇게 요약해서 썼으면 더 훌륭하고 더 알찬 여행이 되지 않았을까 하는 마음에서 짚어봅니다.

1. 요동에서 허물어진 만리장성을 베고 하루 밤을 잠들어 사나이 호쾌한 웅지를 펴볼 수 있는 기회를 놓쳤습니다. 요동의 원주민이 장성에 웅덩이을 파서 저장한 감자, 고구마를 곁들여서 방목으로 키운 돼지를 어떻게 하여 동네 주민들과 즐거운 식사 시간도 가능하지 않았나 생각하여 봅니다.

2. 칠채산에서 하룻밤을 보냈지만 더 깊이 들어가 산마루에서 캠프를 설치하고 붉게 물든 석양의 빛깔에 수시로 변하는 산의 모습을 감상하고 이른 아침 발 아래 피어나는 구름 안개 속에 솟는 태양에 몸을 맡길 수 있는 좋은 시간을 가질 수 있는 여건을 놓친 것이 두 번째 아쉬움이었습니다.

3. 천장호숫가 티베트 들판에서 야영은 하였으나 욕심 같아서 하루쯤은 양떼와 야크와 함께 목동생활을 체험하고 동물의 말린 변으로 피운 불로 구이를 하여 별미를 느낄 수 있는 시간도 가질 수도 있지 않았을까 생각합니다.

4. 정말 아쉬웠던 것은 위구르 마을에서 몇 시간밖에 체류하지 않았다는 점입니다. 맛난 정통음식을 먹은 것으로 만족하였습니다만 20km 미만 지역에 있는 폭포와 위구르족의 화려한 전통복장으로 공연하는 민속춤을 구경하면서 제2의 포탈라 궁과 위구르 원주민의 모자를 형상화 한 박물관을 관람하면서 사찰 옆에 흐르는 강가 근처에서 물소리 들으며 하룻밤을 보낼 수 있었는데 정말 아쉬웠습니다. 다음에 여행한다면 시발점을 이곳으로 하여도 무난하지 않을까 생각합니다.

5. 다섯째 날 청해호 한 바퀴를 돌아본다면 340.7km 바이칼 호수 둘레길과 비슷하여 호수와 사막과 둘러 있는 유채꽃밭과 사막 속의 하룻밤과 청장호 호숫가로 삼분하여 그 속에 하루 이틀 지낼 수 있었으면 하는 생각입니다.

이 모든 것을 실행한다 하여도 별도의 특별한 경비가 요구되는 것도 아니었는데 34일간이라는 가이드 라인의 일정 때문이 아니었나 하고 아쉽습니다.

원래 여행의 콘셉트는 손오공이 갔다는 서역길이었습니다. 소설 속에 등장인물 그대로 손오공의 역할은 탱이 님이 맡고 삼장법사, 저팔계, 사오정은 만소, 하모 님과 두일 님이 맡았다면 제 역할은 다하여야 했는데 탱이 님만 충실하게 제 역할을 다했던 것 같고 다른 사람들은 그에 미치지 못하여 아쉬움이 남습니다. 저팔계처럼 변덕스런 행동이라도 있었으면 다른 일면이 있었을 터인데 너무 순조롭고 매끄럽게 진행된 것 같아서 행복한 푸념을 하게 됩니다.

여행의 최종 목적지 만리장성의 끝인 자위콴에만 집착하여 자전거 타는 것에만 너무 연연하다 보니 광저우 가는 데에만 전 일정에 2/3가 소모되었습니다. 그 일정이 그런 대로 의미는 있었다고 하겠으나 한편 생각하여 보면 너무 많은 시간을 보내었고 시간보다 신체상의 에너지 소비가 너무 컸다고 생각 듭니다.

따라서 진작 꼭 자전거를 타야 할 곳은 그냥 지나치는 잘못을 범했습니다. 끝난 시점에서 바르게 잡아본다면 여행기간을 더 늘이지도 않는다는 전제하여 이 여행을 실행하는 방안이 있다면 서안까지 약 2,100km를 15일 소요됨을 12일로 단축하여 자동차 의존도를 조금만 더 높였다면 가능하지 않았나 생각합니다.

여행의 속성은 항상 시행착오 속에 진행되고 그것을 바로잡고자 하다 보면 여행이 끝나는 시점이 되어 버려 아쉽다는 것입니다. 이번 여행도 이 범주를 벗어나지 못하고 여행은 끝낸 것 같습니다. 한편 생각해보면 최초 여행의 목적으로 삼았던 중국의 만리장성의 서북쪽 끝머리인 자위콴까지 가는 것으로 만족하여 옆도 뒤도 안 보고 손오공이 갔다는 길을 따라 갔습니다. 덤으로 얻어지는 것이 있었던 것은 중화 문명의 근간을 이룬 『삼국지』, 『초한지』, 『수호지』 소설 속의 주 배경무대가 되었던 곳을 자위콴까지 십만팔천 리 길을 자전거 타고 가면서, 만리장성의 길 위에서 중국의 역사와 문물을 보고 느낀 것이 있지 않았나 하는 것입니다.

그 속에는 왕희지, 고거, 공자의 유적과 맹자의 맹모림을 거쳐서 숭산에 있는 소림사를 방문하게 되어 마침 운 좋게도 소림사의 무술 발표하는 행사에 관람할 기회가 있었고 중국 제일의 고찰 백마사를 거쳐 세계 3대 석굴인 용문석굴, 포청천, 관운장의 신전, 중국 제일의 포자집에서 점심을 먹고 화산을 거처 진시황의 병마총, 양귀비의 화첨지를 지나 서안에 도착하여 자전거로 돌아보니 하루 해가 짧았습니다. 실크로드 시발점에서 제갈공명이 최후를 맞은 오장원을 지나 광저우의 백탑사를 자전거로 올라가는 행운까지 얻었습니다. 중국의 시인 묵객들이 찾는 명승고찰을 자전거로 바퀴자욱을 남기고 그들의 숨소리를 느끼면서 유유자적 돌아다니면서 끝없이 펼쳐진 티베트의 초원을 달렸습니다. 만년설이 둘러서 있는 청해호 호숫가에서 자연과 일치하는 정적 속의 밤이 있었는가 하면 태고의 신비를 간직한 칠채산의 밤과 고비사막 속의 달 그림자 속에서 고향 꿈도 꿔보았습니다.

이 모든 것이 함께한 동행자 여러분의 깊은 협조와 배려가 있었기에 가능하였다고 생각합니다. 먼저 이런 동행자를 만날 수 있었다는 것이 저에게는 최대의 행운이 아니었나 생각하고 특별한 경우에 처해 있으면서 곳곳에 우리들의 숨결이 배어 있는 자전거 바퀴자욱을 남길 수 있게 도움을 준 탱이 님에게 깊은 감사를 드립니다.

여행의 목적도 실행한 결과도 안전이 최우선한다는 것을 전제로 한다면 무사히 귀가하는 것에 만족도에 무게를 둔다면 개인적인 생각은 제 인생에 두 번 다시 경험할 수 없는 평점 그 이상이었다고 생각합니다.

누가 이런 말한 것을 기억합니다. 아부성 발언이지만 "여행은 집 떠나면 고생이고 당신 곁을 떠나면 개고생한다"고 합니다. 정말 그 말이 사실인지도 모르겠습니다. 가족들의 적극적인 지원과 응원이 없었다면 이런 여행은 꿈도 꿔보지 못할 여행이었습니다.

가족 여러분! 꿈 깨라 하지 마시고 앞으로도 계속 꿈꿔보아라 하시고, 계속 대폭적인 지원을 하여 주시기를 거듭 부탁의 말을 첨언합니다. 아무튼 무사히 귀향하여 일상에 복귀하여 건강한 모습으로 다시 대하니 반갑습니다.

감사합니다.

만리장성을 넘다

칭다오에서 출발하여
만리장성의 끝자락인 자위콴까지 왕복 5,600km를
주파하여 35일간의 긴 여행 기간을
무사히 마치고 귀국하게 된 것은
죽음을 앞둔 어느 시한부 인생의 염원이 있었기에
가능하였습니다.

임종을 재촉하는 시간 속에
하루하루의 길이 줄어드는 것만치
생존하는 시간이 줄어드는 것을 바라보면서
타들어가는 불꽃처럼 치열하게 살다 간 한 생명과
동행한 여행이었습니다.

여행을 끝내고 일 년을 더 살다가 가신 분에게
하늘나라에도 자전거 길이 있다면
필히 자전거 안장 위에 올라 계시리라 믿고
함께하였던 고귀한 시간을 그곳에서도 자전차 길 위에서 보시라고
그간에 일어났던 이야기들을 정리하여
그의 영전에 삼가 올립니다.

동행하였던 일동을 대표하여 이용태 올립니다.

후기

탱이 님의 부고를 몇 달이 지나서야 알게 되었습니다. 본인이 유족에게 개인적으로 부고를 내지 말라는 유언에 따라 행하였던 것 같습니다. 저도 직접 받은 것이 아니고 탱이의 안부는 출입하는 카페 '탱이의 자전거 여행원'에 기록된 유족인 글을 보고 알게 되었습니다.

안녕하세요, 탱이 김광옥의 딸 김선민입니다.

지난 7월 16일 아버지가 돌아가셨습니다. 떠나시기 전 오래도록 애정을 갖고 관리해 오셨던 카페에 '자전거를 세우다' 마무리 인사를 남겨 달라고 부탁하셨기에 대신 글을 올립니다.

이 카페는 아버지가 직접 개설하셨고, 떠나시기 이틀 전까지도 다른 분들과 댓글로 이야기를 나눌 정도로 애정을 가지고 계셨던 곳이었습니다. 아버지 당신의 여행 이야기나 중국 이야기를 올리던 공간이기도 했지만 자전거 여행에 대한 애정을 많은 분들과 나눌 수 있는 곳이었기에 아버지도 더욱 보람을 느끼셨던 것 같습니다.

아버지의 투병 중에 염려와 격려의 말씀을 주신 분들, 떠나신 후 빈소에 찾아와 주시고 멀리서 위로를 보내 주신 분들께도 감사드립니다. 아버지와 우리 가족 모두에게 정말 큰 힘이 되었습니다. 앞으로 이 카페가 갱신되지는 않겠지만, 이곳은 기행가 탱이를 기념하는 공간으로서 계속 남겨 두려고 합니다. 중국과 자전거 여행에 대한 정보가 필요하신 분께도 참고가 될 수 있다면 좋겠습니다.

지금까지 탱이의 자전거 여행을 함께해 주셔서 감사합니다.

저는 어떤 여행이든지 다녀온 후 끝 마무리는 확실하게 하는 편입니다. 시사회라는 이름으로 하든가 여행 중에 미흡했던 이야기를 허심탄회하게 나누는 자리를 마련하여 좀 더 발전된 모습으로 다음을 대비하고 여행에 동행했던 대원들의 가족들 간에도 친목을 도모한다는 뜻에서 한자리에 모여 여행을 마감하는 자리를 가졌습니다.

이 여행만은 아직 마무리를 짓지 못하고 있었습니다. 해외에 거주하는 분도 계시고 탱이 님의 신상에 변화도 있었고 저 역시 장기간의 여행에 국내에 부재중이어서 마감하는 시간을 가지지 못하였습니다.

그간에 탱이 님과의 여행을 마치고 난 뒤 영원히 가슴속 추억으로만 남길 것 같아 이 여행만은 사진 몇 장과 글 몇 줄로라도 대신할까 하여 유족을 만나 이러한 뜻을 알리기 위해 유족의 행방을 알려고 백방으로 수소문하였지만 생활은 중국에서 하고 있었고 일 년에 한두 번 한국을 방문하는 여행가 탱이만 알았지 고인 김광옥의 연락처를 아는 사람이 없었습니다.

그의 유족의 연락처는 평소에 고인과 생전에 여행을 함께하였던 친구들을 수소문하여도 알 길이 없었고 치료를 담당하였던 치료일지에 알아볼 수 있지 않을까 하는 생각에 연세의료원에 방문하여 알아보려 하였으나 개인의 정보 보호 차원에서 알려줄 수 없다 하여 되돌아섰다가 장례일지를 보면 유족들의 연락처를 알 수 있지 않을까 하였으나 그쪽에서도 역시 도움을 받지 못하였습니다.

유력한 단서를 찾다 보니 본인이 여행 떠나기 전 시신 기증서에 기록한 주소지가 실마리가 될 것 같습니다. 기증서에 적힌 주소지를 찾아갔습니다. 같은 지번에 18세대가 살고 있어서 세대마다 18번이나 무례하게 방문을 두드려야 했습니다. 용건도 없이 문을 열어 달라는 말을 할 수 없었습니다.

어떤 문 앞에서는 외판원이 되어보기도 하고 어떤 때는 택배원이 되어 보기도 했지만 요즘 세태에 사전 연락 없는 방문자는 범죄자 취급 받기 십상이었습니다. 궁여지책으로 주차장에 세워둔 차량에 기재된 전화번호를 이용해 보아도 만족할 만한 대답을 들을 수가 없었습니다.

처음 입주할 때부터 지금까지 이곳에 정착해 살고 계셨다는 010-0000-3900 님이 친절하게도 동사무소에 도움을 청해 보라고 조언하시면서 좋은 결과 있기 바란다고 격려까지 받아 보기도 하였습니다.

처음에 시신 기증서의 주소지를 보고 이번만은 꼭 좋은 결과를 얻을 것이라 기대를 걸어봤지만 생각과는 달랐습니다. 해당 동사무소에 도움을 받을까도 해봤습니다. 동사무소에서도 같은 지번에 입주한 사람의 전출입된 명단도 법원에 발행한 영장이 있어야 열람할 수 있다고 하였습니다.

열람을 신청하는 행정적인 절차를 물었더니 법원이나 검찰에 압수수색에 필요한 요건(공익에 필요한 조치사항이나 범죄에 해당하는 고소건)이 있어야 된다는 말씀에 요즈음 세대의 각박한 인심만 받고 발길을 돌려야 하는 것이 오늘의 힘든 하루가 되어 자전거 여행 중에 까마득히 올려다 보이는 하늘가에 올라가는 것보다 더 힘든 하루였습니다.

* 추신

인위적으로 되는 것이 아닌가 봅니다. 순서가 있고 기다림이 필요할 때가 있는가 봅니다. 그렇게 애타게 찾아보았지만 정성을 기울인 것만치 보답이 되어 연락을 받게 되었습니다.

만리장성이 긴 것만치 이야기도 길었습니다.

상편과 하편으로 이야기를 나눈 것에도 이야기의 끝을 맺지 못한 것은 고 김광옥님의 유족과의 만남이 이루어지지 못하여 이제까지 미루어 오다가 장성을 완주한 이야기 중에 하편을 먼저 출간하고(22년 8월) 상권을 미루어 영원히 미완성이 될 뻔한 것을 다행히 유족과의 만남이 이루어져 상편을 출판하게 되어 만리장성을 완주한 이야기를 마감하게 되었습니다.

⊛

팔
순
바
이
크

⊛

에필로그

– 이용태

서쪽으로 지는 해를 따라 갔던 만리장성 길은
손오공이 닦아 놓았던 '서유기'의 길이었고

동북쪽 만리장성 길은
연암 선생이 쓴 '열하일기' 기행문이
인도한 길이었습니다.

두 번의 길잡이가 다르다는 것뿐이지
만리장성 전 구간 8,851.7km를
자전거로 넘었던 길
꼭 같은 한 길이었습니다.

시대와 공간을 달리하였다 하여도
길은 같은 길이었기에
만리장성은 언제나 항상 그곳에 있었습니다.
그 길 위에 놓여진 사물은 그때나 지금이나 같아도
보이는 '것'은 생각을 달리 하게 해서
그 이야기를 이곳에 남기려고 합니다.

"만리장성은 항상 그곳에 있었습니다.
언제나 넘을 수 있는 언덕일 뿐이었습니다."

미련하게도 한 시한부 여행가의 염원을
두 바퀴 위에 올려놓고 길이 줄어드는 것만큼
타 들어가는 생명의 시간도 바퀴 위에 올려놓고
다녔던 것을

이제 내려 놓을 자리를 찾아야 하는데
내려 놓을 자리를 찾지 못하고 허둥대고 있습니다.

돌아갈 길도 아득한데
어디에 어느 곳이라도 내려 놓으면 될 것을
어쩌자고 내려 놓으려 하지 않는지 모릅니다.
끝 간 데를 모를 길을 오늘도 오릅니다.

돌아가는 길은 있을 뿐이지
결코 안장 위에서 내리지는 않을 것입니다.